塔里木大学"十四五"规划特色教材

植物学实验

实习指导

黄文娟　张　玲　李志军　主编

U0306624

中国农业科学技术出版社

图书在版编目（CIP）数据

植物学实验实习指导／黄文娟，张玲，李志军主编. --北京：中国农业科学技术出版社，2023.1（2024.7 重印）

ISBN 978-7-5116-6028-2

Ⅰ.①植… Ⅱ.①黄…②张…③李… Ⅲ.①植物学–实验 Ⅳ.①Q94-33

中国版本图书馆 CIP 数据核字（2022）第 221917 号

责任编辑　张国锋
责任校对　李向荣
责任印制　姜义伟　王思文

出 版 者　中国农业科学技术出版社
　　　　　北京市中关村南大街 12 号　　邮编：100081
电　　话　(010) 82106625（编辑室）　　(010) 82109702（发行部）
　　　　　(010) 82109709（读者服务部）
网　　址　https://castp.caas.cn
经 销 者　各地新华书店
印 刷 者　北京中科印刷有限公司
开　　本　170 mm×240 mm　1/16
印　　张　9.5　彩插　6 面
字　　数　200 千字
版　　次　2023 年 1 月第 1 版　2024 年 7 月第 2 次印刷
定　　价　38.00 元

《植物学实验实习指导》
编写人员名单

主　编　黄文娟（塔里木大学）

张　玲（塔里木大学）

李志军（塔里木大学）

副主编　刘艳萍（塔里木大学）

陈　芸（喀什大学）

吴　玲（石河子大学）

田新民（新疆大学）

参编人员　杨赵平（塔里木大学）

梁爱华（塔里木大学）

李海文（塔里木大学）

韩占江（塔里木大学）

白宝伟（塔里木大学）

前　言

植物学实验实习是植物学教学的重要组成部分，对于学生认识植物世界，培养动手能力、分析问题和解决问题的能力，发展创新思维及提高综合素质具有重要意义。

本教材是在教学技术和手段信息化变革的时代背景下，根据高校植物学教学大纲和对人才素质教育的基本要求，在多年采用的自编教材《植物学实验实习指导》的基础上，调整、修改和新增了部分内容后编绘而成。其知识体系符合现行农林院校各专业使用的植物学教材知识体系，编写中力求内容精练、难度适中，注重理论联系实际以及体现学科的先进性。除供生物类和植物生产类专业的植物学课程教学使用外，也可为学生开展相关创新性科学研究和学科竞赛等选题提供参考。

本书内容分为六部分：第一、二部分为植物形态解剖和植物系统分类，共19个实验项目，主要为基础性和验证性实验，每个实验项目附有插图，以便帮助学生观察检验，强化学生对基本理论的理解和掌握，培养学生基本的实验操作技能；第三部分是植物学课程野外实习，共4个实习内容，训练学生规范采集植物标本和图像信息，整理、压制和制作标本及鉴定植物的能力；第四部分是创新性、设计性实验，共7个实验项目，让学生在大方向下，根据个人兴趣爱好，自由选择植物材料进行植物形态结构或生长发育规律的研究和探索，培养学生科研思维和创新意识；第五部分是虚拟仿真实验，介绍虚拟仿真实验项目平台（实验空间）的使用方法及部分虚拟仿真实验案例的操作流程，让学生顺应新时代发展，学会最新的实验方式和方法，满足学生在实验室条件不完备的情况下，完成更多的实验内容；第六部分是附录，包括植物学各种基本实验技能和技术的介绍。本书力求做到图文并茂，体现知识体系的科学性、先进性和实用性。

本书编写人员分工如下：第一部分植物形态解剖由黄文娟和陈芸编写；第二部分植物系统分类由李志军和吴玲编写；第三部分植物学课程野外实习由杨赵平、韩占江、白宝伟编写；第四部分创新性、设计性实验由张玲和田新民编写；第五部分信息化实验项目由黄文娟和刘艳萍编写；第六部分附录由梁爱华、李海文编写。全书由黄文娟、张玲和李志军负责统稿、修改、补充和定稿。

本书得到了国家一流专业（生物技术）和新疆生产建设兵团一流专业（应用生物科学）建设项目的资助，在此表示感谢！本书借鉴和参考了多位同行的有关书籍、文献，在此谨向参阅资料的有关作者致以诚挚的谢意！由于时间和水平有限，书中难免存在疏漏和不当之处，敬请广大读者不吝指正。在本教材的编写过程中，塔里木大学教务部门的领导对本书的编写和出版给予了大力支持，在此表示衷心的感谢！

编　者

2022 年 6 月

目　录

第一部分　植物形态解剖

实验一　植物细胞（一）……………………………………… 2

实验二　植物细胞（二）……………………………………… 9

实验三　植物组织（一）……………………………………… 13

实验四　植物组织（二）……………………………………… 17

实验五　种子和幼苗…………………………………………… 21

实验六　根的形态及结构……………………………………… 24

实验七　茎的形态及结构……………………………………… 29

实验八　叶的解剖结构………………………………………… 36

实验九　花的形态和结构……………………………………… 41

实验十　胚和胚乳的发育及果实的结构……………………… 46

第二部分　植物系统分类

实验十一　花和果实的类型…………………………………… 50

实验十二　植物检索表的编制和使用………………………… 53

实验十三　低等植物（藻类植物、菌类植物）……………… 57

实验十四　裸子植物…………………………………………… 60

实验十五　被子植物分科（一）……………………………… 63

实验十六　被子植物分科（二）……………………………… 67

实验十七　被子植物分科（三）……………………………… 71

实验十八　被子植物分科（四）……………………………… 76

实验十九　被子植物分科（五）……………………………… 81

第三部分　植物学课程野外实习

实习内容一　野外观察和信息收集 ………………………… 90

实习内容二　植物标本的采集和压制 ·············· 94

实习内容三　植物标本的制作与保存 ·············· 98

实习内容四　植物标本的鉴定 ···················· 100

植物学课程实习考核与总结 ························ 102

第四部分　创新性和设计性实验

实验一　荒漠植物种子的萌发特性 ················ 104

实验二　种子萌发对逆境胁迫的响应 ·············· 107

实验三　荒漠植物营养器官解剖结构的比较 ········ 109

实验四　叶表皮的微形态特征 ···················· 111

实验五　植物花的发生发育 ······················ 114

实验六　本地常见植物的形态多样性调查 ·········· 115

实验七　植物开花物候的调查 ···················· 118

第五部分　虚拟仿真实验

实验一　被子植物营养器官建成虚拟仿真实验 ······ 122

实验二　被子植物双受精 ························ 125

实验三　植物分类与野外实习 ···················· 127

附　录

附录Ⅰ　植物学绘图方法 ························ 130

附录Ⅱ　显微镜的类型 ·························· 132

附录Ⅲ　植物制片技术 ·························· 134

附录Ⅳ　植物学常用试剂及配制 ·················· 137

附录Ⅴ　植物标本采集标签、野外记录签 ·········· 139

附录Ⅵ　浸制标本的制作和保存 ·················· 140

参考文献 ······································ 142

第一部分　植物形态解剖

实验一　植物细胞（一）

一、实验目的与要求

（1）了解显微镜的构造，熟悉组成部分的名称与功能。

（2）掌握显微镜的使用和保护方法。

（3）掌握光学显微镜下植物细胞的基本结构。

（4）学会临时装片的制作技能，掌握绘制植物细胞图的基本技术。

二、仪器与药品

显微镜、刀片、解剖针、镊子、载玻片、盖玻片、纱布、吸水纸、蒸馏水、碘-碘化钾溶液、盐水。

三、实验材料

洋葱、番茄、辣椒、柿胚乳细胞切片。

四、实验内容

（一）显微镜的构造

普通光学显微镜的基本构造包括两大部分，即保证成像的光学元件和用以装置光学元件的机械元件（图1-1）。

1. 机械元件

（1）镜座：显微镜的基座，用以支持整个镜体，使显微镜放置稳固。

（2）镜柱：镜座上面直立的短柱，支持镜体的上部。

（3）镜臂：弯曲如臂，下连镜柱，上接镜筒，为手握镜体的部位。

（4）镜筒：显微镜上部中空的长筒。标准长度一般为160mm（有的是170mm），其上端插入目镜，下端衔接物镜转换器。镜筒的作用是保护成像的

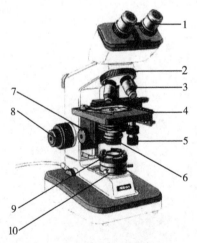

1. 目镜；2. 物镜转换器；3. 物镜；4. 载物台；
5. 载物台旋钮；6. 聚光器；7. 聚光器调节螺旋；
8. 调焦装置；9. 光源；10. 视场光阑

图1-1　双目复式显微镜的构造

光路与亮度。

（5）物镜转换器：接于镜筒下端的圆盘，可自由转动，盘上有3~4个螺旋圆孔，为安装物镜的部位。当旋转转换器时，物镜即可固定在使用的位置上，保证物镜与目镜的光线合轴。

（6）载物台：固定在镜柱前方的黑色平台，是放置玻片的地方。上方靠近镜柱一侧安装有金属玻片夹和刻度尺；下方中央安装有聚光器，一侧角隅安装有玻片位置调节旋钮；中央有一矩圆形通光孔。

（7）调焦螺旋：位于镜柱的两旁，旋转时可使载物台上下移动，用以调整焦距。调焦螺旋分为粗调焦螺旋和细调焦螺旋。粗调焦螺旋用于较大幅度的升降载物台，以调节物镜与标本之间的距离，获得合适的焦距，从而得到清晰的物像，每旋转一周可使载物台上升或下降10mm；细调焦螺旋可以更精细地调节焦距，每旋转一周可使载物台上升或下降0.1mm。使用时，一般旋转不可超过一周，若遇到向前方（或后方）不能旋转时，可向相反方向转动数圈，然后用粗调焦螺旋调整后再使用细调焦螺旋。

2. 光学元件

由成像系统和照明系统组成。成像系统包括物镜和目镜，照明系统包括光源灯和聚光镜。

（1）物镜：是决定显微镜质量的最重要部件，安装在镜筒下端的物镜转换器上，一般有3个或4个放大倍数不同的物镜，即低倍、高倍和油浸物镜，镜检时可以根据需要择一使用。物镜可将被检物体做第一次放大，一般都刻有放大倍数和数值孔径（NA），即镜中率，国产的XSP-16A型显微镜有3种，见表1-1。

所谓工作距离是指物镜最下面透镜的表面与盖玻片（其厚度为0.17~0.18mm）上表面之间的距离，物镜的放大倍数愈高，其工作距离愈短，一般油浸物镜的工作距离仅为0.2mm，所以使用时要加倍注意。

表1-1　国产的XSP-16A型显微镜

物镜倍数	数值孔径（NA）	工作距离（mm）
10×	0.25	7.63
40×	0.65	0.53
100×	1.25	0.198

（2）目镜：安装在镜筒上端，由2个透镜组成，它的作用是将物镜所成的像进一步放大，使之便于观察。其上刻有放大倍数，如5×、10×、12.5×等，可根据当时的需要选择使用，目镜内的光栅下可装一段头发，在视野中则为一黑线，叫"指针"，可以用它指示所要观察的标本部位。

（3）光源灯：在一般显微镜中最常使用的光源是 40~60W 的高压白炽钨灯，这种灯泡具有较大的发光表面和几千个熙提（sb）的亮度，它们最适于同较简单类型的临界照明器一起使用。

（4）聚光器：装在载物台下，由聚光镜和虹彩光圈（可变光栅）等组成。它可将平行光线汇集成束，集中在一点，以增强对被检物体的照明。聚光器可以上下调节，如使用高倍镜时，视野范围小，则需上升聚光器；用低倍镜时，视野范围大，可下降聚光器。

（5）虹彩光圈：装在聚光器内，位于载物台下方，有一个操纵杆连着光圈，推动操纵杆，可以使光圈扩大或缩小，以调节通光量。虹彩光圈下面还有一个金属圈，必要时，可以将蓝色或黄色等滤光玻片放于其中，以改变日光或人工光源的色调和强弱，一般不使用。

（二）显微镜的使用方法

显微镜的使用主要包括两个方面：一是调节光度，二是调节焦距。使用步骤如下。

1. 取镜与放置

取镜时应右手紧握镜臂，左手托住镜座保持平稳状态，不可歪斜，禁止用单手提着镜子走动，以防目镜从镜筒中滑出。放置桌上时动作要轻，一般应放在座位的正前方偏左侧，镜臂对着胸前，镜体距桌边 5~6cm，以便观察和防止镜体掉落。

2. 对光

放置好显微镜后，插上电源线，打开光源灯开关按钮，调整光源灯亮度旋钮，使光源灯缓慢亮起。对光时，先把低倍物镜转到中央，对准载物台上的通光孔，然后用双目向下注视，此时左右眼分别会在镜中见到一个明亮、圆形的视野，调整两个目镜的距离，使两个视野重合。调整光源灯至合适的亮度，之后利用聚光器或虹彩光圈调节光的强度，使视野内的光线既均匀、明亮又不刺眼。在对光过程中，要体会光源灯亮度旋钮、聚光镜和虹彩光圈在调节光线中的不同作用。

3. 放置玻片

将载物台下降，把玻片标本放在载物台上，并用压片夹抵住载玻片的两端，通过调节玻片位置旋钮，使材料正对通光孔的中心。

4. 低倍物镜的使用

观察任何标本，都必须先用低倍物镜，因为低倍物镜的视野范围大，容易发现目标和确定要观察的部位。

首先，两眼从侧面注视物镜，转动粗调焦螺旋将载物台上升至玻片与物镜间距约 5mm 处，然后反方向转动粗调焦螺旋，使载物台徐徐下降，直到看见清晰的物像为止。

　　如果一次调节看不到物像，应重新检查材料是否放在光轴线上，重新移正材料，再重复上述操作过程直至出现清晰的物像为止。为了使物像更加清晰，此时可使用细调焦螺旋，轻轻转动至物像最清楚时为止，但切忌连续转动多圈，以免损伤仪器的精确度。

　　找到物像后，还可根据材料的厚薄、颜色、成像的反差强度是否合适等进行调节，如果视野太亮，可降低聚光器或缩小虹彩光圈，反之则升高聚光器或开大光圈。

　　5. 高倍物镜的使用

　　高倍物镜在观察较小的物体或细微结构时使用。由于高倍物镜只能把低倍镜视野中心的一小部分加以放大，因此，使用前应先在低倍镜中选好目标，将其移至视野的中央，通过细调焦螺旋使图像达到最清晰状态后，直接转动物镜转换器，把低倍物镜移开，小心换上高倍物镜，并使之合轴，此时，在视野中即可见到模糊的物像，只要略微调节细调焦螺旋，就可获得清晰的物像。注意：在使用高倍镜时，切不可使用粗调焦螺旋。在使用高倍物镜观察时，视野会变小变暗，所以要重新调节视野的亮度，此时可升高聚光器或放大虹彩光圈。因高倍镜的工作距离很短，操作时要十分仔细，以防镜头碰击玻片。

　　6. 显微镜使用后的整理

　　观察结束后，先转动物镜转换器，使物镜镜头与通光孔错开，即用两个物镜中间的位置对准通光孔，然后用粗调焦螺旋将载物台下降，再取下玻片（取下时要注意勿使玻片触及镜头）。取下玻片后，可再将载物台上升，使两个物镜的镜筒轻轻抵住载物台。然后擦净镜体，罩上防尘罩，仍用右手握住镜臂，左手平托底座，按号收回镜箱内。

　　7. 显微镜的保存及使用注意事项

　　（1）显微镜是精密仪器，使用时一定要严格地按正确使用方法进行操作。

　　（2）要随时保持显微镜的清洁。显微镜机械部分如有灰尘污垢，可用小毛巾擦拭；光学部分如有灰尘污垢，必须先用镜毛刷拂去或用吹风球吹，再用擦镜纸轻擦或用脱脂棉蘸少许酒精和乙醚的混合液，由透镜的中心向外进行轻拭，切忌用手指及纱布等擦抹。显微镜不用时应将防尘罩罩好并及时收回镜箱。

　　（3）用显微镜观察时，必须睁开双眼，切勿紧闭一眼。应反复训练自己用左眼窥镜，右眼作图。

　　（4）标本必须加盖盖玻片，制作带水或药液的玻片标本时，必须两面擦干，再放到载物台上观察，并且不可使用倾斜关节，以免水液流出污染镜体。

　　（5）如遇机件不灵、使用困难时，千万不可用力转动，更不可任意拆修，应立即报告指导教师。

　　（6）注意防潮，干燥保存。

（三）植物细胞的基本结构

先制作洋葱鳞叶内表皮临时装片。取清洁的载玻片，于中央滴碘液 1 滴。用镊子撕取 3~5mm² 洋葱鳞叶内表皮，迅速浸在载玻片的碘液里。用镊子夹取盖玻片，先以盖片的一侧边缘与材料一边碘液的边缘相接触，然后慢慢落下，直到放平（以免存留气泡影响观察），同时用吸水纸吸去盖玻片周围多余的碘液。此时，临时装片制作完成。

把制好的洋葱鳞叶内表皮临时装片放置在显微镜载物台上，按显微镜使用方法操作观察。洋葱鳞叶内表皮由一层细胞组成，在低倍镜下观察到的是洋葱鳞叶内表皮的正面观，其组成细胞形状为长方形或多边形。每个细胞可观察到下列各部分（图 1-2）。

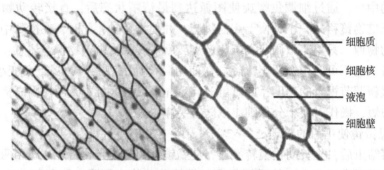

细胞质
细胞核
液泡
细胞壁

图 1-2　洋葱鳞叶内表皮细胞结构
（引自姜在民等《植物学实验》，2016）

（1）细胞壁：细胞的最外一层结构，包被在细胞原生质体的外面，为植物细胞所特有。

（2）细胞质：为原生质体膜（与细胞壁紧密结合在一起，在光学显微镜下观察不到）以内、细胞核以外的原生质，无色透明、半流动的胶体，内含有许多细小的颗粒。成熟细胞中，因液泡占据中央位置，细胞质被挤压至紧贴原生质体膜，呈一薄层围绕着液泡。液泡是细胞质内较透明的部分。因液泡膜极薄，光学显微镜下不可见，因此并无清晰轮廓。

（3）细胞核：近似圆球形，沉浸在细胞质内，由更为浓稠的原生质所组成。在成熟细胞中，由于中央大液泡的形成，细胞核总是位于细胞的边缘。在显微镜下，可以观察到细胞核的 3 个组成部分，核膜、核质和核仁，在细胞核中可以看到 1~2 颗色深发亮的核仁。

（4）细胞膜：因细胞膜极薄，并紧贴细胞壁，因此在光学显微镜下不能直接观察到，只有当细胞发生质壁分离时才能判断它的存在。将观察过的上述装片，揭开盖玻片用吸水纸吸去水分，另加盐液一滴重新盖好，10min 后再观察，可见细胞质与细胞壁分离的现象，表明细胞质外覆有一层薄膜，就是细胞膜。

（四）显微结构图的绘制

显微结构图的绘制要有严密的科学性，要能够真实、准确反映所观察和研究材料的主要结构特征。显微结构图的绘制不同于美术绘画，显微结构图要求科学性和准确性，绘图的大小和比例要力求准确，不能作艺术上的夸张。因此，绘图前必须认真观察所绘对象，才能保证绘出的图形态和结构准确。在保证绘图科学、准确的基础上注意表达的美观性。

绘图采用"点线法"，即整张图用"粗细均匀一致的线条"和"大小一致且圆润的点"描绘，也即只能有"点"和"线"两种元素。细胞结构部分（即显微镜下可观察到较清晰轮廓的部分）用线条表示，细胞生活部分的颜色深浅或折光率的差别，用密集程度不同的圆点来表示，切不可以涂抹阴影的方式表示颜色深浅。轮廓线条要求粗细一致、光滑均匀，接头处要紧密而不着痕迹；打圆点时铅笔尖要垂直纸面，点要圆而细，切勿带出尾巴。

绘图的基本步骤如下。

① 绘图工具的准备。绘图工具包括 HB、3H 铅笔各 1 支，橡皮、铅笔刀、直尺和实验报告纸。绘图前将绘图专用铅笔削好，尖度和长度要适当。

② 构图。根据报告纸的大小和要绘制结构图的数量、大小等来确定图的布局。为保证清晰表达所绘结构，在图纸大小和布局允许的情况下，应充分放大结构图。每个图在其布局范围内应处于正中偏左的位置，右侧用以进行图注，下方留出可以书写图题的空间。

③ 绘制草图。用削尖的 HB 铅笔，在图纸上用虚线轻轻勾出所绘细胞结构的轮廓，以便于修改，勾草图时要特别注意各部分的轮廓和比例与实际观察到的是否相符。

④ 绘制轮廓图。草图绘好后，用硬铅笔从某一点开始，按自己顺手的方向，一笔绘出细胞轮廓图，轮廓线要清晰且覆盖掉草图的虚线。

⑤ 补衬。细胞结构中明暗和颜色深浅的差异，需要用密集程度不同的圆点来补衬。

⑥ 书写图注和题目。在无特殊要求的情况下，图注应一律标注在图的右侧，标注线要用直尺进行量画，用平行线引出，末端彼此平行且对齐，注字一律用正楷书写，整齐一致。图的下方写明图题，并在图题下方或后方标明放大倍数，如目镜 10×，物镜 40×，则标注（10×40）。

注意！绘图、注字和图题一律用黑色铅笔书写，不得用钢笔、有色水笔或圆珠笔等；图面要保持整洁，注意养成边观察边绘图的习惯，左眼看所要绘制部分的构造，右眼看手中铅笔进行绘图。

（五）观察果肉离散细胞的结构

用解剖针挑取已经红熟的番茄果肉（或熟西瓜果肉等）少许（以临近果皮的部分为好），把它们放在载玻片上的一滴清水中，用解剖针将果肉细胞拨匀，分散得越开越好，盖上盖玻片，在低倍镜下观察，可以看到许多圆形的或卵圆形的离散细胞。由于成熟果肉细胞之间的胞间层已经自然溶解，故可以清楚地看到每个细胞的细胞壁。在离散的细胞中可观察到细胞质、细胞核和很大的液泡，此外在细胞质中还可以见到橙红色的圆形小颗粒，是有色体。若果肉已过熟，有色体常为不规则的色素结晶，分散存在于细胞质中。

当轻轻地敲动盖玻片时，在显微镜下可见到离散的果肉细胞滚动，因而能把它们的各个立体面观察清楚。

（六）纹孔和胞间连丝的观察

纹孔和胞间连丝是植物细胞壁上的特殊结构，是相邻细胞之间物质和信息传递的通道，使植物的各种细胞之间彼此连接、相互沟通而成为统一的整体。

1. 单纹孔

撕取辣椒果实的表皮一块，并从果肉一侧用双面刀片刮去果肉细胞制成装片观察，选择薄而清晰的区域，在两个相邻的细胞壁上寻找念珠状的部位，其上有许多相对的凹陷，即单纹孔对。注意：在凹陷处有胞间连丝沟通了两个相邻细胞。

2. 胞间连丝

取柿胚乳细胞的永久制片观察，可见到增厚的细胞壁和很小的细胞腔，在两个相邻细胞之间的壁上有纹孔，在纹孔中有贯通两细胞的原生质丝，即胞间连丝（图1-3）。

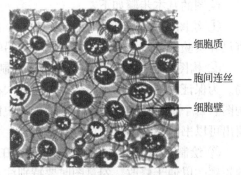

细胞质
胞间连丝
细胞壁

图1-3　柿胚乳细胞示胞间连丝
（引自姜在民等《植物学实验》，2016）

五、作业与思考题

（1）显微镜的构造包括哪几部分？

（2）如何正确使用和保护显微镜？

（3）绘制洋葱鳞叶内表皮细胞的结构详图，并注明各部分结构的名称。

（4）植物细胞的显微结构主要包括哪几部分？它们的主要功能及相互关系如何？

（5）成熟的植物细胞由于中央大液泡的存在，细胞核和细胞质应靠近细胞边缘，为何我们在显微镜下观察到的细胞核常常位于细胞中央？

实验二　植物细胞（二）

一、实验目的与要求

（1）掌握细胞质体的存在部位、形态特征及生理功能。
（2）了解植物细胞各种后含物的主要特点及化学鉴定方法。

二、仪器与药品

显微镜、载玻片、盖玻片、刀片、镊子、蒸馏水、甘油、95%乙醇、碘-碘化钾溶液、苏丹Ⅲ染液、擦镜纸。

三、实验材料

梨叶、棉花叶、蚕豆叶、红色辣椒果实、胡萝卜肉质根、大白菜菜心、马铃薯、小麦（或玉米）籽粒、蓖麻种子、花生籽粒、洋葱鳞叶、棉花叶横切装片。

四、实验内容

（一）质体的类型

质体是植物细胞特有的结构，根据所含色素的不同及功能不同，可分为叶绿体、有色体、白色体。

1. 叶绿体

叶绿体是以含叶绿素为主的绿色质体，能进行光合作用，主要存在于植物体绿色部分的细胞内，尤其在叶片叶肉细胞中居多。

（1）取梨叶或棉花叶作徒手切片，选出适当的薄片，置于载玻片上，加水一滴，盖上盖玻片。先在低倍镜下观察，可见叶肉细胞内有椭圆形绿色小粒，即叶绿体，然后再换高倍镜详细观察。

（2）撕取一小块蚕豆叶下表皮制成临时装片，置于显微镜下观察，可见许多不规则的细胞，在细胞之间有两个肾形保卫细胞围合而成的气孔器，裂生胞间隙为气孔，保卫细胞内有许多绿色颗粒，即为叶绿体。

（3）取任何植物的叶子，撕去叶片背面的表皮，露出的绿色部分即为叶肉细胞。取少许置于载玻片中央，用镊子柄将其捣碎，滴水后加盖玻片，置低倍镜下观察，可见叶肉细胞中有许多绿色颗粒，即为叶绿体，换高倍镜观察其形状。

2. 有色体

有色体是含有大量类胡萝卜素的质体，常存在于红色、橙色和黄色的成熟器官中，如果实、花瓣、胡萝卜根中等。

取胡萝卜根或辣椒果实，选择颜色较深的部位切成小块，作徒手切片，也可用解剖针挑取靠近果皮下面的果肉，制作临时装片进行观察。在细胞中可以看到不定型的颗粒，即有色体。

3. 白色体

白色体是不含色素的一类质体，多存在于植物幼嫩或不见光的组织中。有些植物的叶表皮细胞中亦有白色体，但其个体微小，须换高倍物镜并缩小光圈使视野变暗后才能顺利观察到。取大白菜菜心叶，撕取其幼叶或叶柄表皮，制成临时装片观察，可见到圆球形透明颗粒状白色体，多存在于细胞核周围。

（二）细胞后含物

1. 贮藏营养物质

（1）淀粉粒

取切开的马铃薯块茎，用涂抹法制片并置于显微镜下观察，可见卵圆形或椭圆形、发亮、大小不等且有偏心轮纹的颗粒，即为淀粉粒（图 2-1）。用高倍镜观察，可见淀粉粒一端的透明小颗粒，称为脐，是淀粉粒开始形成的位置，以后围绕这个核心位置成层扩大，故在淀粉粒上可看到许多同心轮纹。移动玻片寻找单粒、复粒、半复粒淀粉。用碘液染色，看有什么反应，这就是淀粉的鉴别方法。

（2）糊粉粒

取小麦或玉米籽粒作徒手切片，在其胚乳最外部找到糊粉层（图 2-2），糊粉层细胞近于方形，排列较整齐，细胞中有许多染色或无色的小圆形颗粒即糊粉粒。

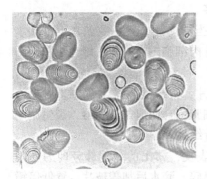

图 2-1　马铃薯淀粉粒

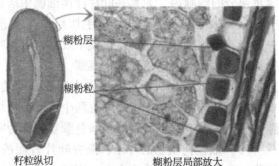

籽粒纵切　　　　　糊粉层局部放大

图 2-2　小麦颖果纵切示糊粉层

（引自姜在民《植物学实验》，2016）

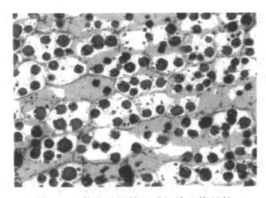

图 2-3　蓖麻种子的胚乳细胞示糊粉粒
(引自姜在民《植物学实验》，2016)

另一类是大型的复合糊粉粒，取已浸泡 1~2d 的蓖麻种子，剥去具有花纹的外种皮，用肥厚的胚乳作徒手切片，将较薄的一片放在载玻片上，先滴几滴 95% 乙醇以溶解脂肪，再加一滴碘-碘化钾溶液染色。封片后，用低倍物镜观察，可见薄壁细胞中充满被染成黄色的椭圆形大型复合糊粉粒。换高倍物镜观察一个糊粉粒结构：外为蛋白质膜，内含 1 至数个多边形的拟晶体，即为蛋白质分子，被染成暗黄色。还有一个无色的，不被染色的球晶体，它不是蛋白质分子，而是无机磷酸化合物与钙、镁结合的盐类（图 2-3）。

（3）油滴

植物细胞中贮存的脂肪常常以油滴形式存在，取一粒花生种子，剥去红色种皮，用刀片切取极薄的子叶薄片或刮取少量子叶细胞，放在载玻片上，滴加苏丹Ⅲ染液，盖上盖玻片，制成临时装片，染色 15min 以上，放在显微镜下观察，可见花生子叶细胞内外有圆球形的油滴被染成橙红色。

（4）三种贮藏后含物的综合鉴定

用观察油滴的花生切片为材料，在苏丹Ⅲ染色的基础上，加碘-碘化钾溶液，吸去溢出的液体，观察染色后的切片，同时可以看到紫蓝色的淀粉粒、浅黄色的蛋白质核和橙红色的油滴，用此方法可以研究 3 种不同贮藏物质在细胞中的含量比例和分布情况。

2. 晶体

晶体是植物细胞中常见的代谢产物，从化学成分看主要有草酸钙结晶和碳酸钙结晶两类。草酸钙结晶普遍存在于植物的表皮、皮层、髓和韧皮薄壁细胞中，有砂粒状、方形、柱状和针状等单晶，也可聚集成晶簇。

（1）取洋葱鳞叶（老的）浸于含有 30% 甘油的水中，约 20min，用撕片法撕取外表皮，制作临时装片于显微镜下观察，可见一整齐长条形或十字形透明的单晶体。

（2）取棉花叶横切装片，观察其主脉韧皮部附近的细胞，可见有些细胞中具有透亮放射形花朵状的簇晶体。

3. 花青素

植物细胞的代谢产物之一，是一种色素，通常溶解于细胞液中，对 pH 十分敏感。它在酸性条件下呈红色，在碱性条件下呈蓝色，能使植物茎、叶和花果呈红色、紫色和蓝色。

可撕取紫色洋葱鳞叶的外表皮细胞，制成临时装片进行观察。观察时应注意：花青素溶解在细胞液中，因此没有一定的形状，而是充满整个液泡，呈均匀分布的溶解状态，与有色体的颗粒结构或结晶状态不同。

五、作业与思考题

（1）连同细胞一起绘制各种质体，并注明各部分名称。

（2）"花红柳绿""万紫千红""霜叶红于二月花"等成语或诗句，从细胞学角度看是怎么回事？

（3）有色体与花青素有什么不同？

实验三　植物组织（一）

一、实验目的与要求

（1）掌握分生组织、保护组织、基本组织的结构特点和功能。

（2）了解分生组织、保护组织、基本组织在植物体的分布规律。

二、仪器与药品

显微镜、蒸馏水、苏丹Ⅲ染液、纱布、载玻片、盖玻片、镊子、刀片。

三、实验材料

洋葱根尖纵切片，向日葵茎横切装片，马铃薯块茎装片，蚕豆、棉花、小麦或玉米叶下表皮装片。

四、实验内容

（一）分生组织

1. 顶端分生组织

取洋葱根尖纵切片，置低倍镜下观察其分生区（生长点）细胞（图3-1），可见细胞体积小，一般近于等径；细胞壁薄，核大，细胞质浓，无细胞间隙，液泡不明显；在高倍镜下可看到处于各分裂期的细胞染色体特征，表明这些细胞具有强烈分生能力。

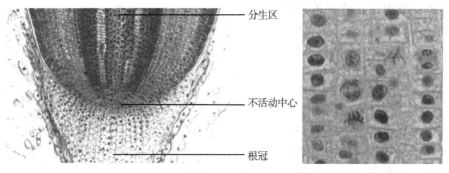

　　　　　　　　　　　　　　分生区

　　　　　　　　　　　　　　不活动中心

　　　　　　　　　　　　　　根冠

图3-1　根尖分生区及分生细胞

2. 侧生分生组织

（1）维管形成层：观察向日葵茎的横切面，在维管束的初生木质部和初生韧皮部之间，可见数层薄壁、砖形扁平细胞，排列紧密，其中仅有一层细胞是维管形成层（图3-2），而其内外方细胞均由它分裂衍生而来。

（2）木栓形成层：取马铃薯块茎作徒手切片，用苏丹Ⅲ染色数分钟，在低倍镜下即可见"薯皮"是由数层被染成棕红色的砖形细胞组成，排列紧密。这些细胞中有一层为木栓形成层细胞。

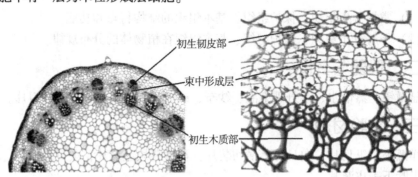

初生韧皮部

束中形成层

初生木质部

图3-2　向日葵茎横切示维管形成层

（二）保护组织

1. 表皮及其附属物

（1）取蚕豆叶下表皮永久装片在显微镜下观察。可见有两种形态不同的细胞（图3-3）：一种是不规则、边缘波状、紧密嵌合的表皮细胞，有细胞核，但无叶绿体；另一种是成对的肾形保卫细胞，含有明显的叶绿体，也有细胞核。每对保卫细胞之间的缝隙即气孔，是叶片与外界环境之间进行气体交换和水分蒸腾的通道。两个保卫细胞与气孔合称气孔器。换高倍镜观察气孔器的详细结构，可见保卫细胞在靠近气孔处的内侧壁较厚，细胞核呈狭长的椭圆形或纺锤形。此外，还应注意表皮上的表皮毛和顶端膨大有分泌功能的腺毛。

（2）取禾本科植物小麦或玉米叶下表皮装片观察。可见其表皮细胞的排列比双子叶植物规则，长方形的表皮细胞沿着叶片的长轴排列，还有成对的短细胞（硅细胞和栓细胞），细胞排列紧密，无胞间隙，不含叶绿体。每个气

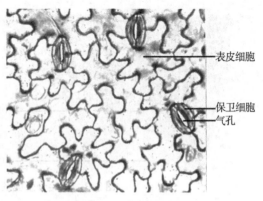

表皮细胞

保卫细胞
气孔

图3-3　蚕豆叶表皮

孔器由 4 个细胞组成，两个保卫细胞呈哑铃形，两端壁薄，膨大成球状，能看见叶绿体，它们的胀缩变化直接影响气孔的启闭；中部狭窄，壁增厚。在保卫细胞的外侧是两个副卫细胞（玉米的副卫细胞近似于三角形，小麦的副卫细胞外壁呈弧形），细胞核明显，无叶绿体。

2. 木栓层

将马铃薯的临时装片放在低倍镜下观察，被苏丹Ⅲ染成棕红色的部分（木栓形成层以外的部分）有几层已死的细胞，切面上细胞呈长方形，细胞壁栓化，排列紧密，不透水，此即木栓层。木栓层以内有一、二层扁平细胞，是木栓形成层，木栓形成层以内二、三层稍大的薄壁细胞构成栓内层。以上 3 种组织构成周皮。周皮上有许多褐色小粒即皮孔。

在显微镜下观察，可看到马铃薯块茎外周上，有些部分没有木栓层，或者木栓层向外开了个大缺口，它就是皮孔。皮孔开口处，有很多圆形、排列疏松的细胞是补充细胞。皮孔担负茎内外气体和水分交换的功能。

（三）基本组织

根的皮层，茎的髓、髓射线和皮层，叶片的栅栏组织和海绵组织，种子的胚乳，果实的果肉等都属于基本组织。基本组织的特点是：细胞体积大，细胞壁较薄，常有细胞间隙和大液泡。

1. 贮藏组织

在组织细胞内贮有大量的同化产物。观察甘薯块根切片或向日葵茎横切装片，可见到体积大、类圆形、排列疏松的薄壁细胞，即为贮藏组织（图 3-4）。

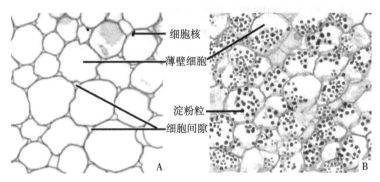

A. 向日葵茎髓部；B. 甘薯块根

图 3-4　贮藏组织

2. 同化组织

在组织细胞内含有大量的叶绿体，能进行光合作用，主要存在于叶片中。取棉花叶横切片观察，位于上下表皮之间，有许多含叶绿体的细胞，即同化组织（图 3-5）。棉花叶片中的同化组织有两种形态：靠近上表皮的细胞呈长圆柱形，排列整齐而紧密，称为栅栏组织；靠近下表皮的为形状不规则、排列疏松的海绵组织。

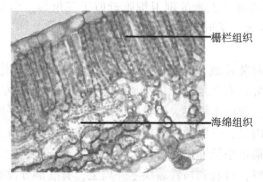

栅栏组织

海绵组织

图 3-5　棉花叶肉同化组织

3. 通气组织

组织细胞间有大的细胞间隙。观察水稻老根的横切制片，在它的皮层细胞间有发达的气腔，该部分皮层即为通气组织。

4. 吸收组织

观察小麦根尖纵切制片，可见到根毛区的毛状物，即根毛，它是根表皮外壁的突起。

五、作业与思考题

（1）绘制蚕豆叶表皮细胞及气孔的构造。

（2）绘制 2~3 种基本组织细胞结构图。

（3）顶端分生组织和侧生分生组织的特征及区别是什么？

实验四　植物组织（二）

一、实验目的与要求

（1）学习用组织离析法制片。
（2）观察厚角组织、纤维、石细胞的形态特征。
（3）熟悉导管的类型，掌握导管与管胞、筛管与伴胞的特征及区别。
（4）掌握有限维管束和无限维管束的特征及区别。

二、仪器与药品

显微镜、载玻片、盖玻片、镊子、解剖针、蒸馏水、铬酸-硝酸离析液。

三、实验材料

离析材料，烟草叶脉，梨、向日葵、棉花叶片、橘皮；南瓜茎横切和纵切片，松树茎横切和纵切片。

四、实验内容

（一）组织离析法制片

离析法的原理是用一些化学药品配成离析液处理植物组织，使组织细胞间的胞间层溶解，因而细胞彼此分离，达到获得分散、单个完整细胞的目的，以便观察组织细胞的形态特征。

离析液的种类很多，最常用的有铬酸-硝酸离析液，它是以10%铬酸液和10%硝酸液等量混合而成。适用于木质化的输导组织和机械组织的离析，如导管、管胞、纤维、石细胞等。亦可用于草质的根、茎等成熟器官的解离，如瓜茎。具体步骤如下。

（1）将植物材料先切成小块或小条（火柴棍粗细、长约1cm），放入平底管或小玻璃瓶中，加入上述离析液，其用量为材料的5~10倍，盖紧瓶塞置于室温条件下进行反应。如为草质根茎需要处理3~4h或更长时间；如为木质的老根、枝条、木材或果壳等，置40℃左右的恒温箱，处理1~2d后才能离析成功，如果2d后组织仍未分离，可更换新的离析液，直至材料离析成功为止。

（2）当需要时，可取出少量材料，按临时装片法制成玻片标本。

（二）机械组织

1. 厚角组织

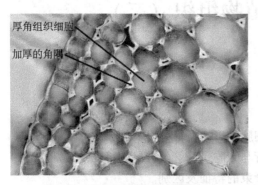

厚角组织细胞
加厚的角隅

图 4-1　烟草叶脉横切示厚角组织

是在细胞壁角隅处有纤维素增厚的活细胞，常成片存在，也可连续成圆筒状。分布在幼茎和叶柄棱角处的表皮之内。实验时，用烟草叶柄作徒手横切片，制成临时装片，在显微镜下观察厚角组织的细胞特征和分布位置（图 4-1）。

2. 厚壁组织

一般都具有加厚的木质化壁，成熟后原生质体解体而成死细胞。其中有一类细胞形态细长，称纤维；而细胞近于等径、方形或多角形、木质化异常加厚的一类称为石细胞。

（1）石细胞：取梨果肉一小块，挑取其中砂粒状的组织，置于载玻片上，用镊子压碎，加盖玻片低倍镜下观察，可见大型的薄壁细胞包围着一种暗色的石细胞群，壁异常加厚、细胞腔很小，具有明显的纹孔，常具分枝，故称分枝纹孔（图 4-2）。

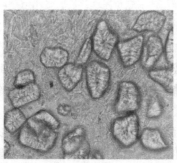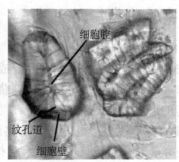

细胞腔
纹孔道
细胞壁

图 4-2　梨果肉中的石细胞

（2）纤维：用镊子夹取少许已浸解的白蜡木材纤维制成临时装片观察。纤维是两端锐尖、胞腔狭窄的厚壁细胞，次生壁上具纹孔，其长度比宽度大许多倍，常成束存在（图 4-3）。

（三）输导组织

1. 导管

导管由一列长管状细胞纵向连接而成，相邻细胞的横壁消失或部分消失，原生质已解体。导管侧壁次生加厚并木化，因加厚部分特点不同可分为环纹导管、螺纹导管、梯纹导管、网纹导管及孔纹导管（图 4-4）。取白菜叶柄上的叶筋一小段于载玻片上，用镊子压下使其松散，加水盖上盖玻片于显微镜下观察，根据侧壁加厚特点不同判断导管类型。

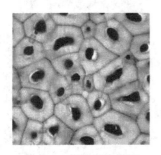

图4-3 纤维细胞横切

图4-4 白菜叶柄导管

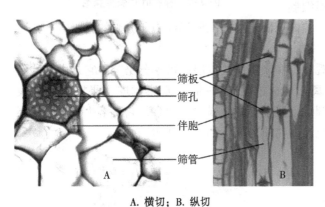

筛板
筛孔
伴胞
筛管

A. 横切；B. 纵切

图4-5 南瓜茎纵切示筛管和伴胞

2. 筛管和伴胞

观察南瓜茎或丝瓜茎的纵切片，首先在低倍镜下找到韧皮部存在的位置，然后在其中寻找长管状细胞连接成的筛管（图4-5），每一个长管状的细胞是一个筛管分子，筛管分子间连接的端部稍有膨大并染色较深处是筛板所在位置，细胞中无细胞核，两端较宽，中间窄细。在筛管旁边紧贴着一列染色较深的细长的伴胞，细胞质浓厚，并具有细胞核。

3. 管胞

观察松茎纵切片，在木质部内，许多两端尖锐的管状细胞即管胞。细胞壁上有很多具缘纹孔（图4-6）。

4. 筛胞

观察白皮松树皮的纵切片，可见薄壁的筛胞呈纵向排列，其壁上有许多筛域，每个筛域上密集生有许多很小的筛孔，这是裸子植物有机物运输的通道。

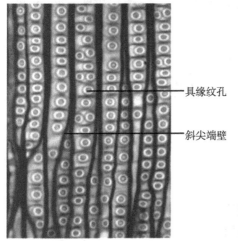

具缘纹孔

斜尖端壁

图4-6 松茎纵切示管胞

（四）分泌组织

1. 腺毛

观察棉花叶片横切装片，沿着上下表皮移动寻找腺毛。腺毛具有柄部和头部两部分结构，柄由单细胞或多细胞构成，并且可以有几行细胞；头部为单细胞或多细胞构成，呈球形，具有分泌功能（图4-7）。

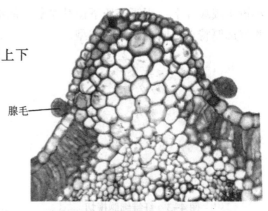

图4-7　棉花叶片表皮腺毛

2. 树脂道

取松树茎的横切片观察，可见薄壁细胞间有由 4~6 个分泌细胞包围而成的圆腔，即树脂道。腔内充满着由周围分泌细胞所分泌的树脂。

3. 分泌腔

取向日葵茎的横切制片观察，在表皮下的皮层中可见分泌腔。它是由部分分泌细胞中层黏液化后互相分离而形成的（图4-8）。观察橘皮（果皮）的外表面，可见上面有许多发亮的圆点就是油囊。做横切片观察，它是溶生分泌腔，周围是破坏的分泌细胞，腔内充满的物质为挥发油（图4-9）。

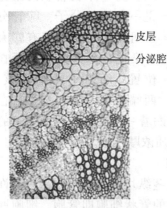

图4-8　向日葵茎分泌腔

（引自姜在民等《植物学实验》，2016）

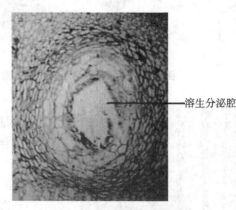

图4-9　橘皮分泌腔

五、作业与思考题

（1）绘制厚角组织和厚壁组织的细胞特征图。

（2）绘制导管、管胞、筛管及伴胞结构图。

（3）绘制石细胞的结构图。

实验五　种子和幼苗

一、实验目的与要求

（1）观察种子的外部形态。
（2）掌握种子的基本构造及单、双子叶植物种子结构的区别。
（3）掌握不同类型幼苗的形态特征。

二、仪器与用具

放大镜、解剖针、刀片、镊子、培养皿。

三、实验材料

蓖麻、菜豆、玉米种子；番茄、豌豆、西瓜、小麦、玉米种子及幼苗。

四、实验内容

（一）种子的形态结构及类型

1. 双子叶植物有胚乳种子

取蓖麻种子进行观察（图5-1）。最外面是具光泽、有黑色或棕色花纹的坚硬外种皮，种皮上方的浅色海绵状突起为种阜，能吸水，有利于种子萌发。在种子的腹面，种阜内侧的小突即种脐。种阜和种脐的下方有一条纵向的隆起即为种脊。小心剥去坚硬的外种皮，可见内侧白色膜质的内种皮。内种皮以内是肥厚的胚乳，持刀片与种子的宽面平行做纵切，把胚乳分为两半，用放大镜观察，能

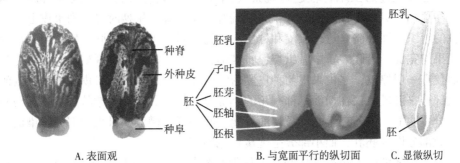

A. 表面观　　　　　B. 与宽面平行的纵切面　　　　C. 显微纵切

图5-1　蓖麻种子形态结构

（引自姜在民等《植物学实验》，2016）

见到叶脉清晰的子叶，同时可以看到连接两片子叶的胚轴，胚轴上下分别是胚芽和胚根。

2. 双子叶植物无胚乳种子

取用水浸泡过的菜豆种子，用肉眼观察（图5-2），其外形呈肾形，表面革质部分（颜色因品种不同而不同）为种皮。在种子稍凹的一侧有一椭圆形的斑痕称种脐。在种脐一端的种皮上有一个孔为种孔（用手挤压种子的两侧时，可见有水泡从种孔溢出）；在种脐的另一端种皮上有一瘤状突起为种脊，内含维管束。剥去种皮，可见两片肥厚的子叶，瓣开两片子叶，可以看见这两片子叶着生在胚轴上，胚轴的上端为胚芽，有两片比较清晰的幼叶，如果用解剖针挑开幼叶并用放大镜进行观察，可以看见胚芽的生长点和突起状的叶原基。在胚轴的下端为一尾状物是胚根。因此，种皮里面的整个结构就是胚，没有胚乳的存在。

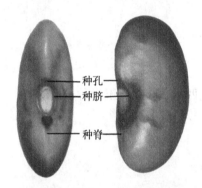 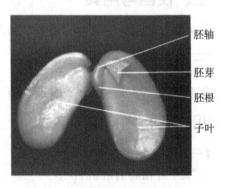

A. 外部正面观或边缘观　B. 外部侧面观　　　　　　　C. 两片子叶分开的胚

图5-2　菜豆种子形态结构

（引自姜在民等《植物学实验》，2016）

3. 单子叶植物有胚乳种子

取已浸泡过的玉米籽粒进行观察（图5-3）。其外形为圆形或马齿形，稍扁，在顶端可见到花柱基的遗迹，在下端有果柄。去掉果柄时可见到果皮上有块黑色的组织，即种脐。透过果皮和种皮，可清楚看到种子中的胚。然后用刀片垂直颖果的宽面，沿胚之正中做纵切，将其剖成两半。用放大镜观察切面，可见其外面仅有一层厚皮，是由果皮与种皮紧密结合在一起形成的；果皮和种皮以内的绝大部分是胚乳，仅在切面基部一角的小部分结构为胚。在通常状态下，胚与胚乳区分不明显，但若在玉米籽粒切面处滴一滴稀释的碘液，可见大部分被染成蓝色，此部分即为胚乳，而小部分呈现橘黄色的即为胚。

再取玉米的胚，小心纵切制片，仔细观察其结构。可见其亦由胚芽、胚轴、胚根和子叶4部分组成，但是子叶只有1片，称为盾片。在胚的内侧，紧靠胚乳的表皮细胞排列整齐，细胞呈柱状，称为上皮细胞；此外在胚根和胚芽的外面各

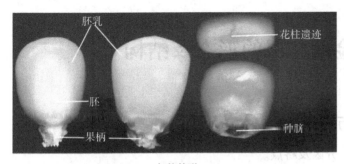

A. 籽粒外形

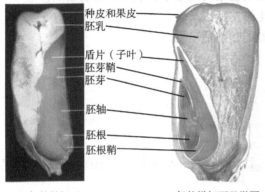

B. 籽粒纵切面　　　　　　　C. 籽粒纵切面显微图

图 5-3　玉米籽粒形态结构

（引自姜在民等《植物学实验》，2016）

包着一鞘状结构，分别称为胚根鞘和胚芽鞘。

（二）幼苗的形态

将番茄、豌豆、西瓜、玉米和小麦种子经挑选后进行浸泡吸胀，由学生以小组为单位播入盛有松软土壤或锯末的花盆中，每天观察，待其出苗后，观察各类型幼苗的形态特点。观察时请注意以下问题。

（1）种子萌发时，胚的哪一部分最先突破种皮（或果皮）。

（2）注意区分主根和侧根。

（3）注意区分真叶与子叶。

（4）注意比较幼苗形态特点，依据对上胚轴和下胚轴的度量来判断幼苗的类型。

五、作业与思考题

（1）绘制菜豆种子剖面图，注明种子结构各部分名称。

（2）绘制玉米胚的结构图，注明各部分名称。

（3）如何判断幼苗属于子叶出土幼苗还是子叶留土幼苗？出土幼苗和留土幼苗是怎样形成的？

（4）从种子的结构角度说明，为什么种子能够萌发形成幼苗。

实验六　根的形态及结构

一、实验目的与要求

(1) 掌握根尖形成、分区及特点。
(2) 掌握单、双子叶植物根初生结构的基本特点及二者的区别。
(3) 掌握双子叶植物根次生结构特点。
(4) 理解根的结构与其功能的相互适应性。

二、仪器与用具

显微镜、载玻片、盖玻片、培养皿。

三、实验材料

小麦或玉米刚萌发的幼根，毛茛、鸢尾、小麦和水稻根横切片，棉花老根横切片。

四、实验内容

(一) 根尖形态与分区

1. 材料的培养

在实验前5~7d，将小麦或玉米籽粒浸水吸胀，置于垫有潮湿滤纸（纱布亦可）的培养皿内并加盖，以维持一定的湿度，保持一定的温度（15~25℃为宜），待幼根长到2~3cm时即可作为实验材料。

2. 根尖形态及分区的观察

选择生长良好而直的幼根，截取端部约1cm的小段放在干净的载玻片上观察。幼根上有一区域密布白色绒毛，即根毛，这一部分即根毛区（或称成熟区）。根尖最先端略微透明的部分是根冠，呈帽状罩在略带黄色的分生区外。位于根毛区和分生区之间的是伸长区，洁白而光滑。伸长区上部一旦出现根毛伸长即停止，根毛的发生阻碍着根的进展，而根冠恰好是适应根尖在土壤中推进的特有保护结构。

(二) 根的初生结构

1. 双子叶植物根的初生结构

取毛茛根毛区横切片（图6-1）于显微镜下观察。

（1）表皮：是根毛区最外面的一层细胞，排列紧密，细胞略呈长方形，在横切面上则近方形，许多表皮细胞的外壁向外突起形成根毛，扩大了根的吸收面积。

（2）皮层：在表皮之内，占幼根的大部分，由多层薄壁细胞组成，可进一步分为外皮层、皮层薄壁细胞和内皮层3部分。

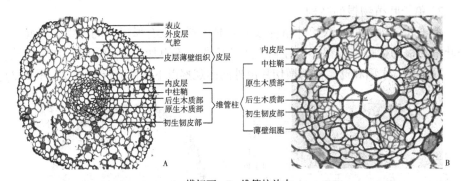

A. 横切面；B. 维管柱放大

图6-1　毛茛根横切示双子叶植物根的初生结构

①外皮层：是皮层最外2~3层细胞，细胞比其内侧的细胞稍小，排列紧密，无细胞间隙，当根毛枯死后，外皮层的细胞壁发生栓化，起临时保护作用。

②皮层薄壁细胞：由多层薄壁细胞组成，位于外皮层之内，细胞体积较大，细胞壁薄，排列疏松，有明显的细胞间隙。

③内皮层：是皮层最内一层薄壁细胞，径向壁与横壁上各有一条木质栓化带状增厚，称凯氏带。在横切面上，仅见其径向壁上有很小的增厚部分，常称凯氏点，往往被番红染成了红色。这种结构对水分和物质的吸收起限制作用。毛茛根较特殊，其内皮层凯氏带常发展为六面均匀增厚，仅在正对木质部束的地方保留1~2个细胞的壁不增厚，成为水和溶质进入维管柱的通道，称通道细胞。

（3）维管柱（中柱）：是内皮层以内的整个结构，细胞一般较小而密集，由中柱鞘、初生木质部、初生韧皮部和薄壁细胞等几部分组成。

①中柱鞘：紧邻内皮层，为一层排列紧密的细胞，但在对着原生木质部处的中柱鞘常有2~3层细胞。中柱鞘具潜在分生能力，侧根、木栓形成层和维管形成层的一部分都发生于中柱鞘。

②初生木质部：包括原生木质部和后生木质部两部分。在切片中其导管常被番红染成红色，其细胞壁厚而胞腔大，是输导水分和无机盐的组织，常排列成4~5束呈星芒状，每束导管口径大小不一致，靠近中柱鞘的导管最先发育，口径小，是一些环纹和螺纹导管，称原生木质部；分布在靠近根中心位置的导管是网纹、梯纹、孔纹导管，口径大，分化较晚，为后生木质部。这种导管发育顺序

的先后，可说明根的初生木质部是外始式发育的。

③初生韧皮部：位于初生木质部的两个辐射角之间，与木质部相间排列，由筛管、伴胞等组成，是输送同化产物的组织，韧皮部的分化顺序也是自外向内。

④薄壁细胞：是位于初生木质部与初生韧皮部之间的几层薄壁细胞。当根开始进入次生生长时，这部分薄壁细胞转变为维管形成层的一部分。

2. 单子叶植物根的结构

单子叶植物的根与双子叶植物根最大的区别是没有形成层的产生。因此，单子叶植物根的生长一般都停留在初生生长阶段，不再加粗，所以仅有初生构造。

取小麦、水稻和鸢尾根的横切片由外向内观察以下各部分（图6-2，图6-3）。

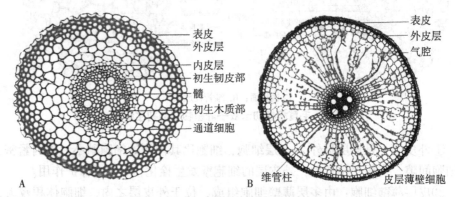

A. 小麦根横切；B. 水稻根横切

图6-2　小麦、水稻根横切示禾本科植物根结构

（引自姜在民等《植物学实验》，2016）

（1）表皮：是根结构最外一层细胞，排列整齐，外壁无角质化，常有突起的根毛。

（2）皮层：为基本组织，靠近表皮的1~2层细胞小，排列紧密，称外皮层。在较老的材料中，可看到外皮层特化为厚壁细胞，可代替表皮起保护作用，同时具机械支持功能，被番红染成红色。内皮层细胞幼时结构与双子

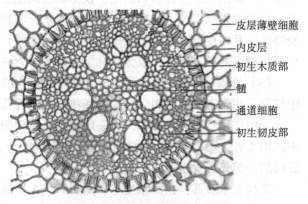

图6-3　鸢尾根局部横切示维管柱

（引自姜在民等《植物学实验》，2016）

叶植物差不多，亦可有凯氏带状增厚的现象，但稍老就出现明显的不同，多为五

面增厚，并栓质化，在横切面上呈马蹄形，仅外切向壁是薄的，但在正对原生木质部处的内皮层细胞常不加厚，留下通道细胞，便于水分输导。水稻老根中部分皮层薄壁细胞互相分离，后解体形成大的气腔，气腔间为离解的薄壁细胞及残留细胞壁所构成的薄片隔开。

（3）维管柱（中柱）：位于皮层以内，包括以下结构。

①中柱鞘：紧邻内皮层的一层薄壁细胞，具有通过脱分化形成侧根的能力。

②木质部：中柱鞘内成圈排列着数束至十几束木质部，靠近中柱鞘的导管直径小，为环纹、螺纹导管，是原生木质部；近髓处的导管直径较大，染色较浅，为孔纹、网纹导管，是后生木质部，每个后生木质部导管常与两个原生木质部导管相对应。

③韧皮部：存在于两束初生木质部之间，与初生木质部相间排列，由 5～6 个细胞组成，细胞直径较大的是筛管，直径较小的是伴胞。

④髓：位于根的中心，由薄壁细胞组成，这是单子叶植物根的典型特征之一。

（三）双子叶植物根的次生结构

取棉花老根横切片置显微镜下观察，先用低倍物镜观察，由外向内分别为周皮、次生韧皮部（包括韧皮射线）、形成层、次生木质部（包括木射线）、初生木质部（图6-4）。其中，形成层已变成圆形，分别向内侧和外侧进行细胞分裂产生次生木质部和次生韧皮部。而中柱鞘细胞则分化形成木栓形成层，分别向内侧和外侧进行细胞分裂产生栓内层和木栓层，三者共同构成周皮。换高倍物镜仔细观察，可看到以下构造。

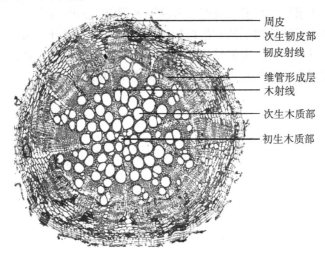

周皮
次生韧皮部
韧皮射线
维管形成层
木射线
次生木质部
初生木质部

图6-4 棉花老根横切示双子叶植物根的次生结构

（1）周皮：位于棉花老根的最外部，由多层细胞构成。最外面的几层细胞呈扁平状，被染成红色，是由死细胞所构成的木栓层。木栓层内方为一层活的、排列整齐的细胞，即木栓形成层。木栓形成层以内为一到几层薄壁细胞，即栓内层。

（2）韧皮部和韧皮射线：周皮以内，形成层以外的部分，由筛管、伴胞、韧皮纤维、韧皮薄壁细胞构成。初生韧皮部位于次生韧皮部外侧，多已被挤毁，难以辨认。韧皮纤维细胞腔小，细胞壁厚，多成簇存在，一般被染成深红色；在次生韧皮部中还分布着由薄壁组织构成的呈漏斗状的结构，即韧皮射线，它是根内外物质交流的通道。

（3）维管形成层：位于次生韧皮部和次生木质部之间，是具有强烈分生能力的一层扁平的薄壁细胞。其内外均有刚分裂出来、尚未分化的细胞，它们的形态与形成层细胞相似，因此在横切面上所看到的是由多层扁平的细胞组成的"形成层区"。

（4）次生木质部和木射线：位于形成层之内，由染成红色的、孔径较大的细胞及其他小细胞构成，口径较大者是导管，较小者是木纤维和木薄壁组织。导管之间还可见一些呈径向、辐射状排列的整齐薄壁细胞，即为木射线。

（5）初生木质部：位于根的最中央，呈放射状排列，同样被染成红色。初生木质部与次生木质部的不同在于初生木质部导管比较小，另外，初生木质部中也没有木射线。

五、作业与思考题

（1）绘制洋葱根尖纵切面简图，并注明各部分结构的名称。
（2）绘制双子叶植物根的初生结构详图，并注明各部分结构的名称。
（3）绘制单子叶植物根的结构详图，并注明各部分结构的名称。
（4）比较双子叶植物和单子叶植物根初生结构的异同点。

实验七　茎的形态及结构

一、实验目的与要求

（1）了解枝条、茎与芽的形态特征。
（2）掌握茎尖结构和分区。
（3）掌握单、双子叶植物茎的初生结构及二者的区别。
（4）掌握双子叶植物茎的次生结构。
（5）理解茎的结构及其生理功能的相互适应性。

二、仪器与用具

光学显微镜、体视显微镜、放大镜、刀片、镊子。

三、实验材料

新疆杨、柳树、法国梧桐的 2~3 年生枝条，杜梨/苹果/海棠枝条，丁香芽纵切片、向日葵茎横切片、玉米茎横切片、小麦茎横切片、水稻茎横切片、椴树三年生茎横切片。

四、实验内容

（一）枝条的基本形态

取备好的 2~3 年生木本植物的枝条，观察其外部形态特征。当年生枝条通常着生有叶和芽，杜梨、苹果或海棠等具有明显的长、短枝之分，长枝的节间较长，短枝的节间很短，一般果树只在短枝上开花结果，所以也叫果枝。

（1）节与节间：茎上着生叶的位置叫节，两个节之间的部分叫节间。

（2）顶芽与腋芽（侧芽）：着生在枝条顶端的芽为顶芽，着生在叶腋处的芽叫腋芽，也称侧芽。

（3）叶痕与维管束痕（束痕）：在 2 年生的枝条上可观察到叶脱落后留下的痕迹称叶痕；叶痕上的点状突起是叶柄与枝条中维管束断离后留下的痕迹，称维管束痕（束痕）；叶痕在茎上的排列顺序和形状，维管束痕的数目和不同的排列形态都是植物形态的鉴别特征。

（4）芽鳞痕：是芽发育为新枝时，芽鳞脱落后留下的痕迹。芽鳞痕常在茎的周围排列成环状，根据枝条上芽鳞痕的数目可以判断它的生长年龄。

（5）皮孔：为茎表面的裂缝状的小孔，是茎与外界的通气结构。不同木本植物的皮孔形态不同，可作为木本植物形态的鉴别特征。

（二）茎尖的结构与分区

茎尖与根尖一样，也包括分生区、伸长区和成熟区 3 部分，但没有帽状的保护结构，而由许多幼叶紧紧包围着茎尖的生长锥。取丁香芽的纵切片观察芽的结构（图 7-1）。

1. 分生区

茎尖生长锥的最顶端部分是原分生组织，其下方为初生分生组织（包括原表皮、基本分生组织和原形成层）。原分生组织和初生分生组织共同构成茎的顶端分生组织，和根尖分生区不同的是，它具有叶原基的突起。

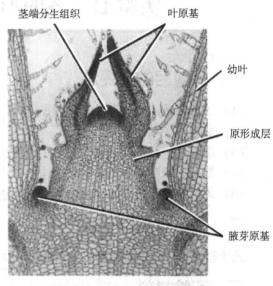

图 7-1　丁香芽纵切示茎尖结构

2. 伸长区

位于分生区的下方，是使茎伸长生长的主要部位，初生分生组织开始形成初生组织，如原表皮分化形成细胞排列整齐的表皮，基本分生组织分化形成皮层和髓，原形成层分化出原生韧皮部和原生木质部。

3. 成熟区

位于伸长区的下方，这部分细胞的伸长生长已停止，组织分化基本成熟，出现后生韧皮部和后生木质部，形成茎的初生结构。

总的看来，茎尖的结构，由于有叶原基和腋芽原基的发生，远比根尖结构复杂。

（三）双子叶植物茎的初生结构

取向日葵茎的横切片，用低倍镜观察，可见其初生结构由外至内依次为表皮、皮层和维管柱 3 部分，然后在高倍镜下仔细观察各部分结构（图 7-2）。

1. 表皮

表皮由一层排列紧密的细胞组成，外壁较厚，主要由形状规则的表皮细胞组成，还有成对存在、体积较小、近三角形的保卫细胞，以及单细胞或多细胞构成、向外突起的表皮毛。

2. 皮层

皮层是居于表皮以内维管柱以外的部分，与根的初生结构相比较，皮层在茎

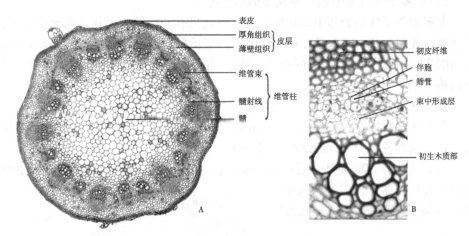

A. 向日葵茎横切全貌；B. 一个维管束放大

图7-2　向日葵茎横切示双子叶植物茎的初生结构

横切面上所占比例很小。靠近表皮的数层细胞较小，是厚角组织；厚角组织以内为薄壁组织。

3. 维管柱

双子叶植物茎的维管柱为皮层以内的所有组织，包括维管束、髓和髓射线3部分。

（1）维管束：多呈束状，染色较深，易识别，在横切面上排成一环，属复合组织。每一维管束由初生韧皮部、束中形成层和初生木质部组成（图7-2 B）。韧皮部在木质部的外方，木质部和韧皮部之间还有束中形成层，因而属外韧无限维管束。

①初生韧皮部：在维管束的最外方，还有原生韧皮纤维，又称"中柱鞘纤维"，在其内方才是筛管、伴胞和韧皮薄壁细胞，可用高倍镜进行观察。

②束中形成层：是原形层保留下来的，仍具有分裂能力的分生组织。在横切面上，细胞呈扁平状，壁薄，染色浅淡。

③初生木质部：包括原生木质部和后生木质部，根据导管分子口径的大小和番红染色的深浅可以判断，靠近中心的是原生木质部，导管口径小，染色深；而后生木质部在外方，导管口径大，染色较淡。

（2）髓：位于茎的中央部分。组成髓的薄壁细胞体积大、排列疏松，具贮藏的功能。

（3）髓射线：髓射线是位于两个维管束之间的薄壁细胞，连接着皮层和茎中央的髓。髓至皮层薄壁细胞之间物质由此运转，并兼有贮藏的功能。

（四）单子叶（禾本科）植物茎的初生结构

大多数单子叶植物茎中没有形成层，因此只有初生结构，其结构比较简单，不能进行加粗生长。与双子叶植物茎比较，主要不同点是维管束星散状分布于基本组织中，因此没有皮层和髓的明显界限。常见的单子叶植物茎的初生结构有以下两种类型。

1. 玉米茎的初生结构（不具髓腔）

取玉米茎横切片在低倍镜下区分其表皮、基本组织和维管束3部分，然后在高倍镜下观察各部分的详细结构（图7-3）。

（1）表皮：茎的最外一层细胞，排列整齐，外壁有较厚的角质层，表皮细胞之间有气孔器，保卫细胞很小，两侧的副卫细胞稍大，中间裂缝为气孔。

（2）基本组织：靠近表皮的数层细胞，体积小，排列紧密，细胞壁增厚而木质化，是厚壁组织，具有机械支持的作用。内侧为薄壁组织，细胞较大，排列疏松，有胞间隙，贮藏功能。

（3）维管束：分散于基本组织中，靠近茎边缘的维管束小而排列紧密，近中部的大而排列稀疏。在高倍镜下选一个维管束观察：可见到每个维管束的外围都有一圈由厚壁细胞组成的维管束鞘，内有木质部和韧皮部两部分，两者之间没有形成层，是有限维管束。初生韧皮部在外方，具输导有机物的功能，只含筛管和伴胞两种成分，排列十分规则。初生木质部在内方，通常含有3～4个显著的、被染成红色的导管，口径较大，在横切面上排列成"V"形，其内侧部分是原生木质部，由1～2个较小的导管和少量的薄壁细胞组成，往往由于茎的

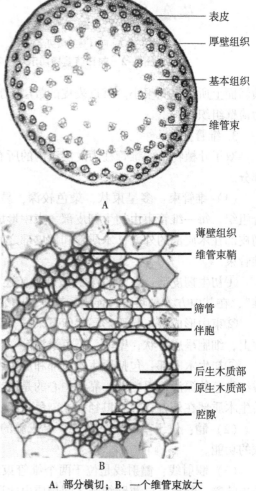

A

B

A. 部分横切；B. 一个维管束放大

图7-3 玉米茎横切示初生结构

伸长而将环纹或螺纹的导管扯破，形成一个空腔，称气腔或胞间道；"V"形的上半部分是后生木质部，有两个大的孔纹导管，二者之间有薄壁细胞或一些管胞。

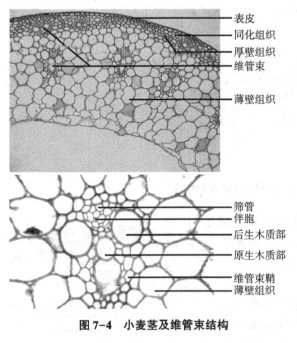

表皮
同化组织
厚壁组织
维管束

薄壁组织

筛管
伴胞

后生木质部

原生木质部

维管束鞘
薄壁组织

图7-4　小麦茎及维管束结构

2. 小麦空心茎的初生结构（具髓腔）

取小麦茎横切片进行观察，注意与玉米茎结构相比较，主要区别是小麦茎中央有髓腔，节间的维管组织由内、外两圈维管束组成，外圈小维管束常与含叶绿体的同化组织相间排列，内圈维管束则位于薄壁组织中，和玉米一样都是外韧型有限维管束，其具体结构也相似。此外，在表皮之内的厚壁细胞（纤维）往往形成厚度（层次）不同的连续区域，呈"工"字形排列，包围着同化组织和小的维管束，并与内侧的薄壁组织相连（图7-4）。

3. 水稻空心茎的初生结构（具髓腔）

取水稻茎节间横切片进行观察。与小麦茎的结构比较有相似之处，但也有区别：①机械组织没有小麦发达，明显向外突出成棱；②维管束也是两圈，外圈的小，位于突出的机械组织中；内圈的较大，位于基本组织中；③维管束间有通气组织——气腔（图7-5）。

（五）双子叶植物茎的次生结构

取3年生椴树茎横切片置于显微镜下，由外至内观察其结构（图7-6）。

1. 表皮

已基本脱落，仅存部分残片，有厚的角质层。

2. 周皮

很明显，已代替表皮，行使保护功能，由木栓层、木栓形成层和栓内层组成，注意它们各有什么特点？有无皮孔发生？如有，皮孔的具体结构如何？

3. 韧皮部

位于皮层和形成层之间，细胞排列呈梯形（底边靠近形成层），与排列成漏斗形的韧皮射线相间分布。在切片中，明显可见的是被染成红色的韧皮纤维与被

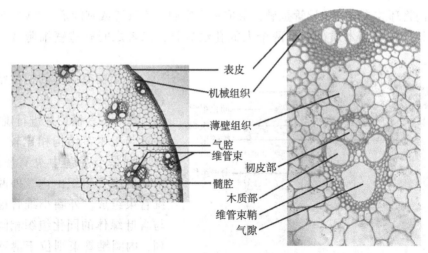

图7-5　水稻茎及维管束结构

染成绿色的韧皮薄壁细胞、筛管和伴胞呈横条状相间排列。注意识别口径较大、壁薄的筛管和其旁侧染色较深、具核的伴胞。

4. 维管形成层

位于次生韧皮部内侧，理论上只有一层细胞，但因其分裂出来的幼嫩细胞还未分化成木质部和韧皮部的各种细胞，所以看上去这种扁的细胞有4~5层之多，排列整齐，而且径向壁连成一线。

5. 木质部

维管形成层以内，被染成红色的部分，包括历年形成的大量的次生木质部和少量的初生木质部，在横切面上占有最大面积。靠近外侧的为次生木质部，由于细胞直径大小

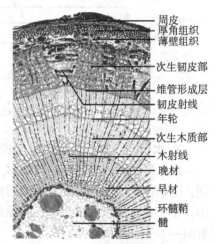

图7-6　椴树三年生茎横切

和壁的厚薄不同，可看出年轮的明显界线，呈同心环状，注意区别早材和晚材。紧靠髓部周围的，有几束是初生木质部，细胞分为导管、管胞、木纤维和木薄壁细胞，此外还有内外排列呈放射状的薄壁细胞——木射线。

6. 维管射线：由薄壁细胞组成，分为木射线和韧皮射线。位于木质部的称为木射线，常为1~2列细胞，而在韧皮部的称为韧皮射线，常加宽成漏斗状。

7. 髓

位于茎中心，多数为薄壁细胞，还有少数石细胞，那些围绕着大型薄壁细胞的小型厚壁细胞，即环髓鞘（带），一般髓细胞的内含物较丰富，除有淀粉粒和

晶簇外，还含有单宁和黏液等，所以部分细胞染色较深。

五、作业与思考题

（1）绘制向日葵茎横切面结构详图，注明各部分结构的名称。

（2）绘制玉米茎横切面轮廓图，并选绘一个维管束的细胞图，注明各部分结构的名称。

（3）比较单、双子叶植物根与茎初生结构的差异。

（4）比较单、双子叶植物茎初生结构的异同点。

（5）绘制椴树茎横切面的次生结构简图，注明各部分结构的名称。

（6）为什么"树怕剥皮"而"不怕空心"？

实验八　叶的解剖结构

一、实验目的与要求

（1）掌握并区别单、双子叶植物叶片的结构，理解叶片结构与功能的相互适应性。

（2）理解植物叶的解剖结构对环境的适应性。

二、仪器与用具

光学显微镜。

三、实验材料

棉花叶片横切片、海桐叶片横切片、水稻叶片横切片、玉米叶片横切片、小麦叶片横切片、夹竹桃叶片横切片、眼子菜叶片横切片等。

四、实验内容

（一）双子叶植物叶片（两面叶）的解剖结构

取棉花叶片或海桐叶片横切片观察，先在低倍镜下区分叶片的表皮、叶肉、叶脉（主脉和侧脉）3 部分，然后在高倍镜下仔细观察各部分的结构特点（图8-1）。

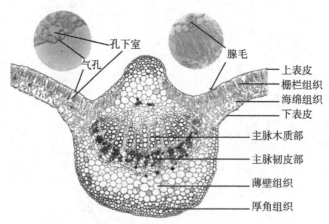

图8-1　棉花叶经主脉横切示双子叶植物叶片结构

1. 表皮

整个叶片上下表皮各由一层细胞组成。表皮在横切面上通常为一层无色透明、排列整齐的长方形细胞，表皮细胞外壁覆盖有角质层。在表皮细胞之间可以看到成对的、染色较深的小细胞，是保卫细胞，其间的窄缝即为气孔；下表皮较上表皮气孔多。在表皮上有单生或簇生的表皮毛，还有棒状或椭圆形的多细胞腺毛，它们都染色较深。

2. 叶肉

上下表皮之间具有叶绿体的同化组织，双子叶植物叶多为异面叶，叶肉明显分化为栅栏组织和海绵组织两部分。

（1）栅栏组织：位于上表皮之下，细胞呈长圆柱状，以其长轴与上表皮垂直，细胞排列整齐紧密，细胞内含有较多叶绿体。

（2）海绵组织：位于栅栏组织与下表皮之间，细胞形状不规则，排列较疏松，细胞间隙较大，含叶绿体较少，气孔内方的细胞间隙大，形成气室（也称孔下室）。

3. 叶脉

在叶片横切面上可见主脉和各级大小不等的侧脉，以主脉最为发达，侧脉逐渐简化直至细脉末梢。

（1）维管束发达，包括木质部、韧皮部和形成层3部分。木质部靠近上表皮，韧皮部靠近下表皮，木质部与韧皮部之间有不甚发达的形成层，其形成层细胞分裂时间短，不进行次生生长。维管束上下方与上下表皮之间有发达的机械组织和薄壁组织。

（2）侧脉：由维管束鞘、木质部和韧皮部组成，没有形成层。随着侧脉的变小，其木质部和韧皮部逐渐趋于简单化和原始化，细脉末梢仅由维管束鞘包围1~2个管胞和筛胞组成。侧脉维管束靠近表皮处的机械组织也逐渐减少直至消失。

（二）禾本科植物叶片的结构

根据叶片光合作用方式的不同，禾本科植物可分为 C_3 植物和 C_4 植物。

1. C_3 植物叶片的解剖结构

取水稻或小麦叶片横切片进行观察（图8-2）。

（1）表皮：上下表皮各由一层细胞组成。表皮的细胞可明显分为两种类型：一类是泡状细胞（运动细胞），位于两个叶脉之间，细胞较大，常5~7个连在一起，呈扇形排列；另一类是表皮细胞，由长细胞和短细胞组成。其中，短细胞包括栓细胞和硅细胞。另外，在上下表皮上还可看到两个保卫细胞及其间的气孔，保卫细胞两侧与其紧密挨在一起的是副卫细胞。

（2）叶肉：禾本科植物的叶为等面叶，无栅栏组织与海绵组织的分化。叶

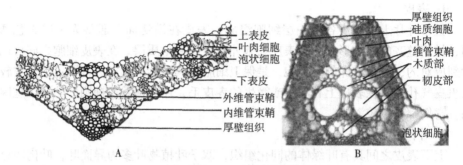

A. 小麦叶横切；B. 水稻叶维管束放大

图 8-2　小麦、水稻叶横切示 C₃ 植物叶片结构

肉细胞的壁内叠，细胞间相互嵌合，细胞间隙较小。细胞内含丰富的叶绿体，并沿内叠的细胞壁分布。

（3）叶脉：为平行脉，与泡状细胞相间排列，由维管束、薄壁组织和机械组织组成。

①维管束：主脉处有多个维管束，侧脉处仅有 1 个维管束，维管束由维管束鞘、木质部和韧皮部组成。维管束鞘由 2 层细胞组成，外层细胞大而壁薄，含叶绿体，但所含叶绿体比叶肉细胞中的小而少；内层细胞小而壁厚。木质部靠近上表皮，韧皮部靠近下表皮，两者之间无形成层。侧脉的维管束只有 1 个，其结构与主脉维管束一样，只是各部分结构相对简单。

②薄壁组织：在主脉的维管束鞘外有大量薄壁细胞存在，水稻叶中连接维管束的薄壁细胞大量解体形成发达的通气组织。侧脉中则无薄壁组织，维管束鞘外即为叶肉组织。

③机械组织：在主脉和较粗侧脉的维管束外，靠近表皮处具有发达的机械组织，显微镜下观察为染成红色、排列紧密的小细胞。

2. C₄ 植物叶片的解剖结构

取玉米叶横切片观察（图 8-3），与小麦叶片的结构相比，上下表皮及叶肉细胞情况基本与小麦相同。主要区别是玉米的维管束鞘只有一层大的薄壁细胞，内含个体较叶肉细胞大的叶绿体，这层薄壁细胞与外侧紧邻的一圈叶肉细胞共同组成"花环形"结构。

（三）旱生植物叶片的解剖结构

取夹竹桃叶片横切片进行观察（图 8-4）。

1. 表皮

叶片上下表皮均由 2~4 层、排列整齐而紧密的细胞构成，外壁有发达的角质层，这种由多层表皮细胞形成的比较耐旱的表皮称为复表皮。下表皮有许多凹

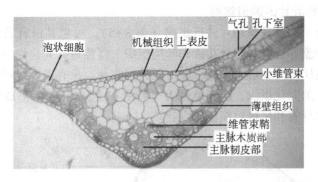

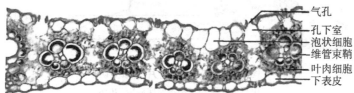

图 8-3 玉米叶横切示 C₄ 植物叶片结构

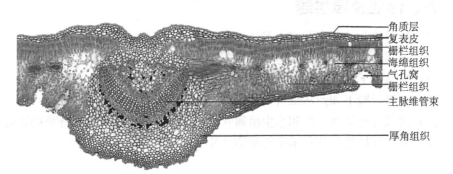

图 8-4 夹竹桃叶片经主脉横切

(引自姜在民等《植物学实验》，2016)

陷的穴，每穴内可观察到多个气孔，并被密生表皮毛所覆盖，此结构为"气孔窝"。

2. 叶肉

靠近上表皮处均具有栅栏组织，且常为多层，海绵组织位于上下栅栏组织之间且极不发达，这一旱生结构，帮助其减少水分蒸发，适应干旱气候。

3. 叶脉

夹竹桃的叶脉，主脉发达，为双韧维管束，还可以观察到形成层，侧脉很小，不具形成层。

（四）水生植物叶片的解剖结构

取沉水植物眼子菜叶片横切片进行观察（图8-5），可见其没有表皮和叶肉的分化，即表皮细胞亦含叶绿体，功能和叶肉组织一样能进行光合作用，表皮无气孔，亦没有角质层。叶肉极不发达，仅1至数层细胞，没有栅栏组织和海绵组织的分化，是均一的同化组织，胞间隙较大（特别在主脉附近），形成气腔。叶脉很细弱，木质部导管和机械组织极不发达。

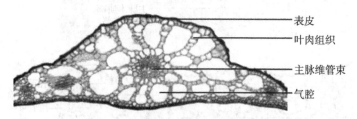

表皮
叶肉组织
主脉维管束
气腔

图8-5　眼子菜经叶片主脉横切

（引自姜在民等《植物学实验》，2016）

五、作业及思考题

（1）绘制棉花叶片（包括主脉）横切面详图，注明各部分结构名称。

（2）绘制小麦或玉米叶片的横切面图，注明各部分结构名称。

（3）显微镜下如何判断禾本科植物叶片的上、下表面？

（4）在显微镜下如何从维管束的结构上区别玉米叶片和小麦叶片？

（5）比较分析旱生植物和水生植物叶片在结构上的特点及其对环境的适应。

（6）双子叶植物叶片和禾本科植物叶片的结构有何不同？

实验九　花的形态和结构

一、实验目的与要求

（1）掌握一般植物花的组成和形态特征。
（2）掌握禾本科植物花的组成和形态特征。
（3）掌握花药及花粉粒结构与发育。
（4）掌握雌蕊的子房、胚珠和胚囊的结构与发育。

二、仪器与用具

体视显微镜、解剖针、刀片、镊子。

三、实验材料

本地任意6~8种植物的花或花序，其中包括2~3种禾本科植物的花或花序；百合花药不同发育时期横切装片、百合子房不同发育时期横切装片。

四、实验内容

（一）一般植物花的组成和形态特征

一般植物的花由6部分组成，即花柄、花托、花萼、花冠、雄蕊群和雌蕊群（图9-1）。

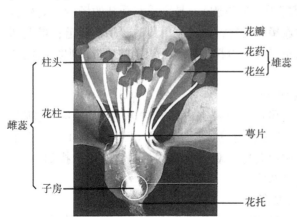

图9-1　完全花的组成

1. 花柄

花柄是连接花和茎的轴状结构，具有支持花以及输送养分的功能。取每种植物的花，直接观察其花柄形态，包括花柄的有无、花柄长短、形状、颜色、是否有毛被等。

2. 花托

花托是花柄最前端着生花的部位。大多数植物的花托都较花柄粗大，且大多较平坦或略有突起或凹陷，也有极明显突起或凹陷的。观察所给植物材料的花托表观形态，然后用刀片将其纵向切开，观察其花托的形态及花各部分在花托上的排列特点。

3. 花萼

着生于花托的最外轮，由若干萼片组成，萼片通常为绿色叶状体，具有保护花蕾或幼果的作用。萼片通常仅有 1 轮，数量大多为 3~5 片，分离或合生；若有 2 轮，则外轮称为苞片或副萼。观察给定植物材料的花萼，统计其萼片的数量、离合情况等。

4. 花冠

着生于花萼内轮，与花萼统称为花被，由若干个花瓣组成。花瓣通常具有鲜艳的颜色，具有保护其内的雌、雄蕊及吸引昆虫传粉的功能。花瓣可有 1 至多轮，大小、颜色、形状、数目及离合情况在不同植物的花中差别很大。观察给定植物材料的花冠，统计其花瓣的颜色、数量、离合情况等。

5. 雄蕊群

着生于花冠以内，是花中所有雄蕊的统称。雄蕊数目在不同植物中差别较大，每一枚雄蕊由顶端膨大的花药及下部（通常细长）的花丝组成。花药是产生花粉粒（雄配子体）的部位，而花粉粒中有精子（雄配子）；花丝具有支持花药及输送养分的功能。观察给定植物的雄蕊群，统计雄蕊数目、花丝长短和离合情况，花药颜色、形状等。

6. 雌蕊群

着生于花的最中央，是花中所有雌蕊的统称。雌蕊数目在不同植物中存在差异，大部分植物的雌蕊仅 1 枚，为单雌蕊或复雌蕊；少数植物的雌蕊在 2 枚以上，为离生雌蕊。每枚雌蕊均由子房、花柱和柱头三部分构成。子房为雌蕊基部膨大的部分，外观上常可见到纵向的线、沟、棱等，子房内部着生有胚珠，胚珠中可产生雌配子体（胚囊）和雌配子（卵细胞），是完成双受精的场所，受精后子房膨大发育成果实；子房上面连接着花柱，是花粉管进入子房的通道；最上部略膨大的部位是柱头，是接受花粉并与花粉粒进行相互识别的地方。观察给定植物的雌蕊群，统计雌蕊数目。

（二）禾本科植物花的组成和形态特征

禾本科植物的一朵小花由 2 枚稃片（外稃和内稃），2 枚浆片，3~6 枚雄蕊和 1 枚雌蕊组成，1 至数朵小花与 2 枚颖片构成一个小穗（图 9-2），1 至多个小穗按照一定方式着生在花序轴上构成花序。观察给定的禾本科植物，找到小穗、颖片、稃片、浆片、雄蕊和雌蕊等部位。

（三）花药和花粉粒的结构与发育

观察百合花药不同发育时期的横切片，可见花药的结构随发育阶段不同而有差异。花药的发育过程一般可分为造孢细胞时期、花粉母细胞时期、四分体

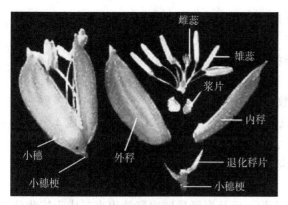

图 9-2 禾本科植物花的组成

时期，单胞花粉粒时期和成熟期五个时期。

1. 造孢细胞时期

花药幼小，在横切面上呈蝴蝶形，每侧有两个花粉囊，中部为药隔。此时花粉囊壁层的分化还不甚明显，最外层是表皮细胞，细胞小，其内为 3~5 层分化不大的薄壁细胞。药室为许多核大、质浓、排列紧密的多边形的造孢细胞（图 9-3A）。

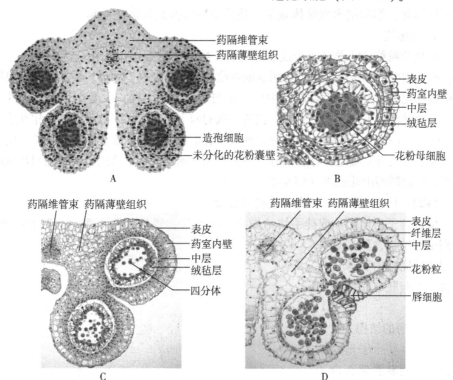

A. 造孢细胞时期；B. 花粉母细胞时期；C. 四分体时期；D. 成熟期

图 9-3 百合花药发育过程图解

2. 花粉母细胞时期

此时在 4 个花粉囊的中央可见到由造孢细胞进一步发育而成的花粉母细胞，其核大、质浓、颜色较深，细胞间因胞间层的溶解而产生间隙或发生分离。花粉囊壁的各层也已分化明显，最外层是表皮，细胞小、排列紧密整齐；表皮之下是一层近于方形的较大细胞，为药室内壁；在药室内壁内侧为 2~3 层较小的、呈切向延长的扁细胞，称中层；最内 1 层是绒毡层，为质浓、核大的长柱状细胞，有腺细胞的特点，可向药室内分泌各种物质（图 9-3B）。

3. 二分体和四分体时期

花粉母细胞已完成了第一次减数分裂，一分为二形成 2 个相连的细胞，称二分体。同时亦可见到有些花粉母细胞已完成了减数分裂的第二次分裂，形成 4 个小孢子，但仍被包围在共同的胼胝质壁中，称四分体。此时药室内壁和中层变化不大，而绒毡层细胞由于核裂而出现双核或多核现象，并与中层细胞发生分离（图 9-3C）。

4. 单核花粉粒时期

在药室中，每个四分体的 4 个小孢子已从胼胝质壁中释放出来，成为彼此分离的具有单倍染色体的小孢子，也称单胞花粉粒。此时，花粉囊壁中的绒毡层细胞开始退化，细胞壁出现解体现象，使原生质体彼此联合在一起。

5. 成熟期

单核花粉粒继续发育成为成熟花粉粒。绒毡层继续退化，完全消失或仅存残迹；药室内壁的细胞壁上出现了明显的条纹状不均匀加厚，称为纤维层；大多植物的中层在此时消失，但百合花药中层细胞与药室内壁一样，也发生一定程度的加厚，因此被保留下来。与此同时，花药一侧的两个药室之间的隔膜解体，相互连通成为一体。此外，在药室开裂处可看到有些表皮细胞特化，变成个体较大的、胞质浓厚染色深的薄壁细胞，称唇细胞。一般花药成熟后，就在这两串唇细胞间作纵向开裂，花粉随即由此散出（图 9-3D）。

（四）子房、胚珠、胚囊的结构与发育

取百合子房横切片或徒手切片做成临时装片，置显微镜下观察，对照图解，识别子房结构，然后选一个切片较完整的胚珠进行观察，了解胚珠和胚囊的结构。

1. 子房的结构

先观察整个子房的结构，可以明显看到百合子房有 3 个子房室，是由 3 个心皮连合而成的复雌蕊（图 9-4）。在每个子房室中可见 2 个胚珠，"背靠背"着生于子房壁的内侧边缘的胎座上。2 个子房

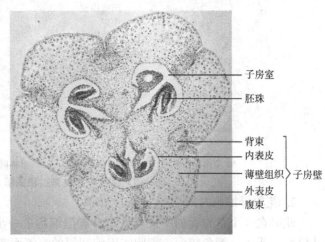

图 9-4 百合子房横切

室之间的部分是2个心皮的结合处，是一隔膜，外侧为一凹陷，即腹缝线，其内有一条维管束，称腹束，是2个心皮侧束合并的结果。在每个子房壁中央有一中脉维管束（背束），与其相应的凹陷为背缝线。3个心皮向内折卷形成中轴，胚珠着生于中轴上，故称中轴胎座。百合子房横切面上共有6个胚珠，但它的子房细长，实际整个子房包含着六行胚珠，由于它们在中轴上的排列整齐，又常与中轴呈垂直状态，所以在横切制片上可以看到倒生胚珠的纵切面和6个胚珠在同一个面上。

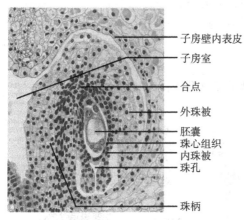

图9-5　百合胚珠结构

子房壁内表皮
子房室
合点
外珠被
胚囊
珠心组织
内珠被
珠孔
珠柄

2. 胚珠的结构

选其中一个结构完整的胚珠换高倍镜详细观察下列各个部分（图9-5）。

（1）珠柄：较粗而短，胚珠以珠柄着生在胎座上。

（2）珠被：有两层珠被，在外方的为外珠被，在内方的为内珠被（靠近珠柄的一侧往往只有一层珠被）。

（3）珠孔：珠被在一端合拢处，留有一狭沟，即珠孔（由于珠孔很窄，正好切到它的机会不多，故在切片上不易见到）。

（4）珠心：位于珠被之内，由薄壁细胞组成。

（5）合点：珠心与珠柄的连接处为合点。

（6）胚囊：在珠心中发育，成熟的胚囊占据珠心的大部分体积。

3. 胚囊的结构

一个成熟的胚囊由7个细胞构成，珠孔端为1个卵细胞和2个助细胞组成卵器，合点端为3个反足细胞，胚囊中央为1个具两个极核的中央细胞。观察后思考，为什么在一个胚囊内看不到一个完整的八核胚囊？

五、作业及思考题

（1）解剖各种植物的花，识别各组成部分、判断离合情况并记录数量，最后按照着生顺序将各部位摆放后，拍摄照片并标注各部位名称。

（2）思考花各部位结构特点与功能的适应性。

（3）绘制百合花药横切面细胞图，标注各部分名称。

（4）绘制百合子房横切面简图，标注各部分名称。

（5）从生物进化的角度看，花的形成有何生物学意义？

实验十　胚和胚乳的发育及果实的结构

一、实验目的与要求

(1) 掌握双子叶植物荠菜胚和胚乳的发育过程。

(2) 掌握果实（真果和假果）的基本结构。

二、仪器与药品

显微镜、载玻片、盖玻片、直尺、镊子和解剖针；5% KOH 溶液。

三、实验材料

不同发育时期荠菜幼果纵切永久装片；桃、柑橘、花生、苹果（或梨）、草莓等常见植物果实。

四、实验内容

（一）双子叶植物荠菜胚和胚乳的发育

1. 永久装片观察

取不同发育阶段的荠菜幼果纵切永久装片置于低倍镜下观察，注意观察倒心形角果内处于不同发育阶段的胚珠，特别是其内胚和胚乳的发育（图10-1）。

（1）原胚阶段：是胚还未分化出各器官的原始阶段，从受精卵分裂形成两个细胞开始，到球形胚时期均称为原胚阶段。在发育较晚的胚珠中可以看到由几个细胞构成的原胚，紧贴胚囊珠孔端是一个高度液泡化的大型细胞，称基细胞或泡状细胞，在基细胞上方有一列细

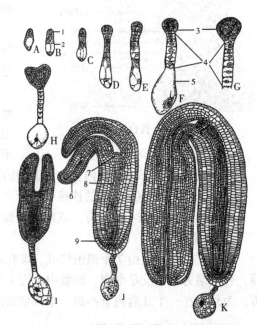

A. 合子；B. 二细胞原胚；C. 基细胞横裂为二细胞胚柄、顶细胞纵裂为二分体胚体；D. 四分体胚体形成；E. 八分体胚体形成；F、G. 球形胚体形成；H. 心形胚形成；I. 鱼雷形胚形成；J. 马蹄形胚体形成，出现胚的各部分结构；K. 成熟胚

1. 顶细胞；2. 基细胞；3. 胚体；4. 胚柄；5. 泡状细胞；6. 子叶；7. 胚芽；8. 胚轴；9. 胚根

图 10-1　荠菜胚的发育过程（仿 何凤仙）

胞称为胚柄，由基细胞多次横分裂而成；发育较早的则可以看到胚呈明显的圆球形（球形胚时期），此时的胚乳为游离核阶段，分布于胚囊的周围，胚囊中央则是大液泡。

（2）分化胚阶段：是胚开始逐渐分化出子叶、胚芽、胚根和胚轴等各个器官的阶段，包括心形胚和鱼雷胚时期。在心形胚时期可以看到在球形胚顶端两侧，由于细胞分裂速度较快而形成两个突起，即子叶原基，使得整个胚体呈心形。鱼雷胚是心形胚进一步发育而来，由于子叶原基继续生长，伸长形成两片子叶，子叶基部的胚轴也相应伸长，使得整个胚体呈鱼雷形。此后子叶随着胚囊的形状而发生弯曲，胚柄逐渐退化，仅胚柄基细胞尚比较明显。

观察此时胚乳的发育特点可以发现，靠近胚囊外侧的游离核已产生细胞壁而形成胚乳细胞，而胚囊内侧还有一些没有形成细胞壁的胚乳游离核。

（3）成熟胚阶段：胚明显伸长并已发生弯曲呈马蹄形，在已分化形成的两片肥大的子叶间可以看到明显的小突起，即胚芽；另一端是胚根，中间则是胚轴。

此时，胚乳作为营养物质被消化吸收而退化消失，只残存有部分胚乳细胞。

2. 临时装片观察

采用荠菜胚整体压挤法进行制片观察，此法可对荠菜或其他植物胚的发育进行活体观察，色态自然逼真，方法简便，效果好。选新鲜的不同发育时期、大小不同的荠菜角果，用解剖针或镊子挑出角果内的胚珠（或未成熟的种子），放在载玻片上，滴上 1 滴 5% KOH 溶液，放置 3~5min，盖上盖玻片，然后用镊子对准材料轻轻敲击盖玻片，将胚挤出，用吸水纸吸干多余溶液后，放在显微镜下观察，识别胚发育的不同时期。

（二）果实的结构

果实可分为真果和假果，真果是完全由子房发育而来的果实，如桃、番茄、柑橘、花生等；而假果除子房外还有花的其他部分（如花托，甚至整个花序）参与果实形成，如苹果、梨、草莓、向日葵、菠萝等。

1. 真果的结构

真果的基本结构均是由果皮和种子两部分构成，果皮又分外果皮、中果皮和内果皮。

取桃、柑橘、花生的果实观察不同类型真果的结构特点和区别。桃是由 1 心皮 1 室单雌蕊发育而来的，其果皮明显可分为三层（图10-2），外果皮较薄而柔软，具毛，容易被剥离；中果皮肉质多汁，是食用的主要部分；内果皮厚而坚硬，由子房壁内表面木质化增厚而成。内果皮以内为 1 粒种子，其结构为外面一层褐色膜质的种皮，包裹着子叶肥厚的胚，轻轻剥开子叶可以用放大镜观察到胚芽胚根，胚轴较短。

柑橘是由多心皮中轴胎座的复雌蕊发育而来，外果皮革质，有很多油囊；中果皮与外果皮愈合在一起, 无明显界限, 较疏松并有较多维管束, 即 "橘络"; 内果皮膜质, 分成若干室, 向内生有许多贮有大量汁液的囊状表皮毛, 是食用的主要部分。内果皮分成的腔室中沿中轴胎座生有种子, 种皮较厚, 革质, 内为淡绿色的胚, 因多胚现象的存在, 常见种皮内有多个胚。

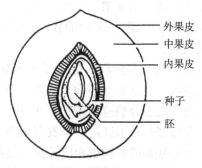

图 10-2 桃果实的纵切面 (仿 何凤仙)

花生是由 1 心皮 1 室的单雌蕊发育而来的, 取一花生纵切, 用放大镜观察, 可以发现花生的果皮有三层结构: 外果皮薄膜质; 中果皮较厚, 纤维质; 内果皮为白色薄膜质。果皮缢缩, 呈 2~4 室, 每室 1 粒种子。种皮淡红至红色, 薄膜质, 无胚乳, 子叶肥厚, 剥开子叶可见胚芽和胚根。

2. 假果的结构

苹果 (或梨) 是由下位子房和花筒愈合发育来的肉质假果 (图 10-3)。花筒与外、中果皮均肉质化, 无明显界限, 为食用部分; 内果皮木质化, 常分隔成 5 室, 中轴胎座, 每室含种子 1~2 粒。

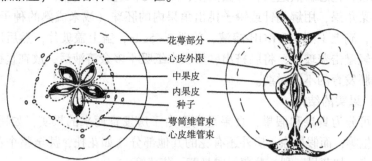

图 10-3 苹果果实的横切面和纵切面 (仿 何凤仙)

草莓果实是由花托和多数离生雌蕊共同发育而来的, 红色肉质多汁的食用部分为花托膨大发育而来, 花托表面黑色的 "籽粒" 为离生心皮雌蕊发育而来, 是真正意义上的果实。

五、作业与思考题

(1) 以荠菜为例, 说明双子叶植物胚的发育过程, 以及在胚发育的各时期胚乳的相应发育特点。

(2) 如何区别真果和假果?

(3) 绘制柑橘果实横切面图, 注明各部分名称。

第二部分　植物系统分类

实验十一　花和果实的类型

一、实验目的与要求

（1）通过自己动手采集和准备材料，使学生对本地常见植物的花、花序和果实特征有所了解。

（2）通过自己动手解剖观察，掌握花、花序和果实的组成特点及内部结构特征，并可将观察结果与书本理论知识相结合，自行判断出花、花序和果实的类型。

（3）掌握花程式和花图式的书写方法，并能自行解剖并写出所采集的各种花的花程式。

（4）通过整个实验过程的实施，培养学生独立思考、综合分析及发现和解决问题的能力。

二、仪器与用具

体视显微镜、放大镜、刀片、镊子、解剖针。

三、实验材料

学生自己采集准备本地常见花或花序 10 种以上，本地常见植物果实 30 种以上。

四、实验内容

（一）实验材料的采集和准备

采集材料前要先通过教材对花和花序类型的划分依据有所掌握，如花序的划分主要依据开花顺序、花序轴生长特点和分枝与否、花柄的有无等特征进行；花的类型主要根据其花萼结合与否，花瓣的数目、联合情况、花冠筒长短等，雄蕊的数目和联合情况，雌蕊的心皮数目、心皮联合情况等进行划分，并按照这些划分依据进行实验材料的采集和准备，以保证尽可能多地选择到不同类型的实验材料。

（二）花和花序的解剖观察及类型判断

首先确定所采集材料是单生花还是花序，若为单生花便可直接观察，进行花各组成部分的类型判断；若为花序则需先判断花序类型，若同时组成花序的花较大，有明显的花瓣，就可再对单朵花进行解剖观察并判断花各组成部分的类型。

1. 花序类型

先根据花序主轴（最粗壮且直立）最顶端一朵花的开花顺序判断其是有限花序或无限花序。若顶花先开放，则可判断其为有限花序，再根据花序轴所产生的分枝数判断其为单歧、二歧或多歧聚伞花序；若顶花后开放，则可判断其为无限花序，再根据花序轴是否有分枝，判断其为简单花序或复合花序，最后根据花柄的有无、长短，花序轴长短、形状、是否下垂等特征，判断其最终花序类型。

2. 花各组成部分的类型

一朵花的组成，应由外向内逐层进行解剖（必要时借助放大镜或者体视显微镜）观察。在解剖花的同时，还要注意花各组成部分在花中的排列位置及相互关系。

（1）花萼：先看萼片是否结合，然后记数萼片的数目，再描述萼片的颜色、形状及附属物等。

（2）花冠：剥去花萼，观察花瓣数目、花瓣结合情况及花冠筒长短等，判断花冠类型。然后再描述花瓣的颜色、形状及附属物等。同时还要观察花蕾，看花瓣在花芽中的排列方式。

（3）雄蕊群：剥去花瓣，观察雄蕊的数目、结合与否及花丝长短等，判断雄蕊类型，同时观察花药的着生方式和开裂方式等。

（4）雌蕊群：剥去雄蕊，观察雌蕊的数目及结合情况判断出雌蕊的类型。若有多个雌蕊，则雌蕊类型必为离生雌蕊；若仅一个雌蕊，则需要再观察花柱和柱头的情况，花柱或柱头若多裂，则必为复雌蕊；若不裂，还需根据子房外观的棱、角、线数目或直接将子房横切后，根据子房室数、心皮数和胎座特点等作进一步判断。

（三）花程式和花图式的书写

通过对花的解剖观察，先判断花的"性别"特征（雄花、雌花或两性花），然后根据花瓣大小形状特点判断花的对称方式，再观察花萼、花瓣、雄蕊的数目及联合情况，最后观察雌蕊子房的位置（上位、下位或半下位）、心皮数目和联合情况、子房室数和每个子房室中胚珠的数目，并将所有观察到的特征用数字和符号或用横剖面简图——记录下来。

（四）果实的解剖观察及类型判断

先通过果实发育时的特征判断果实类型，若一朵花中只形成一枚果实则为单果，若一朵花中同时产生多个集生于一体的果实则为聚合果，若整个花序共同发育成外观上的一个果实则为聚花果（复果）。聚合果还可以根据每颗小果的特征判断为聚合瘦果、聚合核果、聚合坚果或聚合蓇葖果等。单果则要根据果实成熟时果皮性质判断为肉质果或干果，肉质果可再根据心皮数目、果皮性质、胎座类型、种子数目等分为核果、柑果、梨果、浆果、瓠果等；干果根据果皮开裂与否、开裂方式及心皮数目和果皮特征进一步分为荚果、角果、菁葖果、蒴果及瘦果、坚果、颖果、翅果、分果、双悬果和胞果等。最后可再观察记录果实的形状、大小、颜色、毛被等特征。

五、作业与思考题

（1）通过解剖和观察各种植物的花或花序，填写下表。

序号	植物名称	花序类型	花冠类型	雄蕊类型	雌蕊类型	子房位置	花程式
1							
2							
3							
…							

（2）通过解剖和观察各种植物的果实，填写下表。

序号	植物名称	果实类型	心皮数	胎座类型
1				
2				
3				
…				

（3）怎样判断一朵花雌蕊的心皮数目？

实验十二　植物检索表的编制和使用

一、实验目的与要求

（1）学会利用植物分类形态学术语准确描述植物形态特征。
（2）掌握常见类型植物检索表的结构特点和编制方法。
（3）掌握利用植物检索表鉴定植物的方法。

二、仪器与用具

解剖镜、刀片、镊子、解剖针；《新疆高等植物科属检索表》《新疆植物志》。

三、实验材料

新疆常见豆科植物（如苦豆子、苦马豆、草木樨、苜蓿等）、十字花科植物（如钝叶独行菜、白菜等）和禾本科植物（如黑麦草、拂子茅等）。

四、实验内容

（一）植物形态特征的观察和描述

1. 植物特征观察

利用放大镜和解剖镜、镊子等工具对所采集的植物进行解剖和认真细致的系统观察，并利用形态学术语进行形态特征的描述。观察和描述植物时要按照从整体到局部、从营养器官到繁殖器官、从下到上、从外到内的顺序进行。

（1）首先根据植物茎的性质确定植物性状（草本植物、木本植物或藤本植物）。

（2）观察根，判断根系类型，以及是否有变态根等。

（3）观察茎的生长习性，判断是直立茎、平卧茎、缠绕茎、攀援茎还是匍匐茎；再观察茎是否有变态类型，以及茎的分枝、形状、颜色、条纹、附属物等。

（4）观察叶：首先判断是单叶还是复叶，如为复叶则需判断出复叶的类型，然后是叶序、叶形、叶缘、叶尖、叶基形状等。

（5）观察花：首先观察是单生花还是花序，如为花序则要判断花序类型；其次观察花的着生位置（顶生、腋生或侧生），最后观察花萼的联合情况、颜色，花冠的类型、颜色，雄蕊的数目、类型以及雌蕊的数目、类型和子房位置等。

（6）观察果实：先通过果皮及其附属部分成熟时的质地和结构来判断出果实类型，再观察记录果实的形状、大小、颜色、毛被以及表面附属物等特征。

（7）观察种子：对种子的大小、形状、颜色和表面纹理等特征进行观察。

2. 植物形态特征描述

用科学的形态术语对所观察的各种植物进行形态特征的描述，描述与观察同时进行，边观察边描述，一般按照如下顺序进行描述。

植物性状及株高——根（根系类型、有无变态根等）——茎（茎的生长习性、分枝特点、有无沟纹和附属物等）——叶（叶的类型、叶序、叶形、叶缘、叶尖、叶基等）——花单生或花序（类型及着生位置）——花萼（萼片数量、形状、离合等）——花冠（花冠类型、颜色、大小、花瓣数量、形状等）——雄蕊（数目、花药开裂方式等）——雌蕊（数目等）——果实（类型、大小、形状等）——种子（形状、颜色、大小、数量等）。

（二）检索表的编制和使用

1. 等距检索表

等距检索表是最常用的一种检索表，在这种检索表中，将每一对相互区别的形态特征分开编排在距离书页左侧相同的距离处，并标以相同的编号，每一对相同的编号在检索表中只能使用一次，每低一级编号书写时退后一格，逐级向右错开，描写行越来越短，直至追寻到目标分类单位（科名、属名或种名）为止。

  1. 单叶；花冠辐射对称
    2. 草本，茎直立；花两性；子房上位；角果或蒴果
      3. 总状花序；花瓣4；四强雄蕊；角果
        4. 花黄色；角果熟后开裂；无肉质直根 ……………………… 油菜
        4. 花淡红色或紫色；角果熟后不开裂；具肉质直根 ………… 萝卜
      3. 花单生；花瓣5；单体雄蕊；蒴果 ……………………… 棉花
    2. 草质藤本，茎攀援；花单性；子房下位；瓠果 ………… 黄瓜
  1. 三出或羽状复叶；花冠两侧对称
    5. 三出复叶；荚果熟后开裂 ………………………… 大豆
    5. 羽状复叶；荚果熟后不开裂 ……………………… 花生

2. 平行检索表

将每一对互相区别的形态特征标以同样的编号，并列书写在相邻的两行里，编号虽变但不退格，项末注明应查的下一项编号或分类单位。

  1. 单叶；花冠辐射对称 ………………………………… 2
  1. 三出或羽状复叶；花冠两侧对称 …………………… 5

  2. 草本，茎直立；花两性；子房上位；角果或蒴果 ·················· 3

  2. 草质藤本，茎攀援；花单性；子房下位；瓠果 ·············· 黄瓜

   3. 总状花序；花瓣4；四强雄蕊；角果 ····················· 4

   3. 花单生；花瓣5；单体雄蕊；蒴果 ····················· 棉花

    4. 花黄色；果熟后开裂；无肉质直根 ····················· 油菜

    4. 花淡红色或紫色；果熟后不开裂；具肉质直根 ········· 萝卜

    5. 三出复叶；荚果熟后开裂 ···························· 大豆

    5. 羽状复叶；荚果熟后不开裂 ························· 花生

（三）检索表的使用方法及注意事项

1. 使用方法

从编号为"1"的第一组相对特征查起，对照植物标本的特征，仔细分析判断其所在的分支，然后在该分支下紧邻的下一对相对特征继续检索，以此类推，直到出现植物（或类群）名称为止。检索到植物（或类群）名称后，还要针对该名称所描述的植物（或类群）特征与植物标本（或类群）的形态特征进行仔细对照比较，若二者确定相符，则可判断检索正确，否则还要重新进行检索。

2. 注意事项

（1）用以检索的植物标本必须是比较完整而具有代表性的。

（2）应备有必要的解剖用具，如放大镜、镊子、解剖针、刀片、尺子和参考书等。

（3）使用检索表时，必须熟悉植物形态名词术语的含义，并有一丝不苟的耐心和细致解剖观察的工作态度。

（4）检索表中每项相对的两行一般为一对显著对立的特征，但检索时，两行均应查对，搞清被检索植物是否的确符合其一而不符合其二。

（5）对于尚不知属于何种类群的植物，要按照分类阶层由大到小的顺序检索，即先检索植物分门检索表，依次再查分纲、分科、分属和分种检索表。

（四）检索表的编制原则和编制方法

编制植物分类检索表的原则很简单，就是二歧原则（两分法），即用非此即彼、两相比较的方法区别不同类群或不同种类的植物。将要编入检索表的所有植物或类群，选用一对以上显著不同的特征，分为两类，每类各包含一定数量的植物或类群；然后从每类中再找出一对及以上相对特征将该类中所包含的植物分成两类，如此下去，直到将每一种植物或类群区别开来。

编制检索表时应注意下列各项。

（1）检索表中应包括所要鉴别的全部植物类群，要列出各类群的比较表。

（2）选择的检索特征应是对立的相反特征，尽量选取肉眼可见的稳定性状，要避免选用仅在野外或仅在标本上能看到的性状。

（3）每次选择相对特征进行分类时，只能选择非此即彼的一对相互区别的特征将植物或类群分成两组，而不能分成三组或四组，更不能出现一组单独存在的特征，即每一个特征编号都应是两两成对出现，而不能出现三个及以上相同的编号，更不能只存在一个单独的编号。

（4）每一对相对特征的每一行要尽可能将两组相互区别的特征书写齐全。

（5）描述某一器官或组成部分的特征时，应将被描述的器官或组成部分写在前面，而将特征写在后面。如"叶对生"不能写成"对生叶"，"花蓝色"不能写成"蓝色花"。

（6）特征描述要准确。

（7）检索表编写完成后还要根据以上要求进行检查，如检索表中是否包括了所有要纳入的植物（或类群），每一组相同的编号是否均两两成对存在，特征描述是否准确等。

五、作业与思考题

（1）用检索表检索 3~5 种植物，并写出检索过程。

（2）编制一个包含 10~20 种植物的等距式和平行式检索表。

（3）比较等距检索表和平行检索表各自的优缺点。

实验十三　低等植物（藻类植物、菌类植物）

一、实验目的与要求

（1）了解蓝藻门、绿藻门的特点及代表植物。
（2）了解真菌门的构造、特征和常见代表植物。
（3）了解水绵的接合生殖过程。

二、仪器与用具

显微镜、镊子、解剖针、刀片、载玻片等。

三、实验材料

永久装片：念珠藻、衣藻、水绵、黑根霉、酵母菌等。
干制标本：海带、紫菜、平菇、香菇、黑木耳等。

四、实验内容

（一）显微镜观察永久装片

1. 念珠藻（*Nostoc sphaericum* Vauch.）

念珠藻属蓝藻门。观察念珠藻装片，可见球形或椭圆形细胞组成的丝状体，有若干条包被在胶质鞘中成片状或团块状；丝状体中部或两端产生个别形状较大，不含原生质的厚壁细胞，称为异形胞；两个异形胞之间由短圆柱状细胞组成的一段，称为藻殖段，断裂后进行营养繁殖（图13-1）。

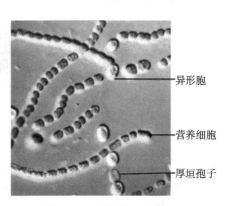

异形胞

营养细胞

厚垣孢子

图13-1　念珠藻（李钒）

2. 衣藻（*Chlamydomonas* sp.）

衣藻属绿藻门。观察衣藻装片，可见多为卵形或圆形的单细胞植物体；色素体呈杯状，其基部有一个淀粉核；细胞最前端有向前伸出的两条等长的鞭毛，鞭毛基部有收缩泡；细胞中央有一个细胞核，圆球形；细胞前部偏一旁有一个红色的半圆形或椭圆形的眼点，为感光器官（图13-2）。

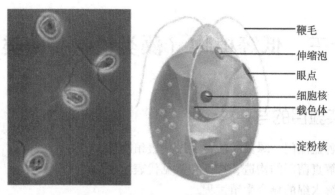

鞭毛
伸缩泡
眼点
细胞核
载色体
淀粉核

图 13-2　衣藻

3. 水绵 （*Spirogyra* sp.）

水绵属绿藻门。观察水绵装片，可见多细胞不分枝的丝状体；细胞呈圆柱形，细胞内有 1 至数条螺旋状弯曲的带状载色体，每条载色体有多个发亮的造粉核；细胞中有 1 个大液泡，中央悬着一个细胞核。水绵的有性生殖为接合生殖。两条丝状体并列，在两细胞相对的一侧发生突起并相互接触，连成接合管，细胞内的原生质体收缩成配子，其中 1 条丝状体的配子通过接合管注入另一条丝状体并与其配子结合形成合子。合子减数分裂，形成 4 个单倍核，其中 3 个消失，1个萌发形成新的植物体（图 13-3）。

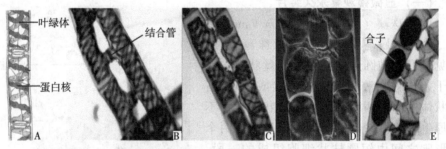

叶绿体
结合管
蛋白核
合子
A　B　C　D　E

　　A. 水绵丝状体；B. 两条丝状体相互靠近，并在相对一侧形成接合管；C. 丝状体的原生质体发生凝缩形成配子；D. 一条丝状体的配子通过接合管注入另一条丝状体；E. 完成受精，形成合子

图 13-3　水绵接合生殖

4. 黑根霉 （*Rhizopus nigricans* Herenberg）

黑根霉属真菌门。观察黑根霉切片，可见菌丝体呈白色棉絮状，基部有呈根状分枝的吸收菌丝，称为假根；假根的上方长出直立菌丝，有匍匐枝相连，多核无隔；孢囊梗直立，梗顶端膨大成孢子囊。成熟孢子囊有黑色的孢子散落出来，落在适宜的基质上可萌发成新的菌丝体。

5. 酵母菌 (*Saccharomyces* sp.)

酵母菌属真菌门。观察酵母菌切片，可见菌体为单细胞卵形，内有一个大液泡，细胞核不易观察；营养繁殖时菌体母体中可见芽体。

(二) 观察干制标本

1. 海带 (*Laminaria japonica* Aresch.)

海带属褐藻门，海生叶状体藻类。藻体由固着器、带柄和带片三部分组成，固着器是叉状分枝的假根，柄部短而粗，叶片扁平呈带状，内部结构分为三部分：表皮、皮层和髓。

2. 甘紫菜 (*Porphyra tenera* Kjellm.)

甘紫菜属红藻门，海生叶状体藻类。由 1~2 层细胞组成，色素体呈星状，具一粒淀粉核，外有胶质层，片状体下面有固着器。

3. 蘑菇 (*Agaricus arvensis* Schaeffer.)

蘑菇属真菌门。蘑菇子实体包括菌盖、菌褶、菌环和菌柄，担子果上面呈帽状或伞形的，称菌盖；菌盖下有一白色柄，称菌柄；菌柄上部或中部的膜质结构，称菌环；菌盖的腹面有片状的构造叫菌褶。菌褶两侧表面的子实层由担子和隔丝组成，每个担子有 4 个担子梗，每个担子梗上长 1 个担孢子，孢子为椭圆形，紫褐色。

4. 黑木耳 [*Auricularia auricular* (L. ex Hook.) Underw.]

黑木耳属真菌门。子实体薄而有弹性，胶质半透明，常呈耳状或杯状至叶状，红褐色，干后为深褐色。

五、作业与思考题

（1）绘制念珠藻或衣藻形态结构图。

（2）绘制黑根霉或酵母菌形态结构图。

（3）绘制水绵形态结构图。

（4）说明蓝藻门和绿藻门有何异同。蓝藻门植物的原始性表现在哪些方面？

（5）藻类植物与菌类植物的主要异同点有哪些？

实验十四　裸子植物

一、实验目的与要求

(1) 掌握裸子植物的一般形态特征。
(2) 观察、识别裸子植物中常见的代表植物。

二、仪器与用具

解剖镜、镊子、解剖针、刀片、载玻片等。

三、实验材料

新鲜材料：银杏、侧柏、圆柏等。
腊叶标本：新疆方枝柏、中麻黄等。

四、实验内容

(一) 解剖镜观察新鲜材料

1. 银杏（*Ginkgo biloba* L.）

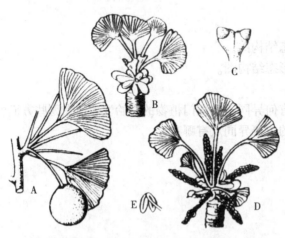

A. 长、短枝及种子；B. 着生大孢子叶球的短枝；C. 大孢子
叶球；D. 着生小孢子叶球的短枝；E. 小孢子叶

图 14-1　银杏（*Ginkgo biloba* L.）

仅有银杏目，银杏科，银杏属，银杏（*G. biloba* L.）1 种，为落叶乔木，我国特有的著名"子遗植物"，国家一级保护植物。取银杏新鲜枝条观察，有长枝与短枝之分，叶在长枝上螺旋状散生，短枝上簇生；叶扇形，二裂，具长柄，二叉脉序。孢子叶球单性，雌雄异株（图 14-1）。

2. 侧柏 [*Platycladus orientalis* (L.) Franco]

为松柏纲柏科常绿乔木。取侧柏具花、果的新鲜枝条观察。小枝扁平排成一平面；鳞叶交互对生，排成四列。雌、雄球花同株，生于短枝顶端，雄球花黄色，卵圆形，有6对交互对生的小孢子叶；雌球花近球形，深绿色，被白粉，有4对交互对生的珠鳞，仅中间2对具1~2胚珠。球果蓝绿色，被白粉，当年成熟，熟后种鳞木质、张开，近扁平，先端下方有1弯曲的小尖头；种子卵圆形无翅（图14-2）。

3. 圆柏（*Juniperus chinensis* L.）

为松柏纲柏科常绿木本。取圆柏具花、果的新鲜枝条观察。幼树之叶为刺叶，老树之叶为刺叶或鳞叶，或两者兼有，鳞叶交互对生，刺叶通常3叶轮生，基部下延。雌、雄球花异株，生于短枝顶端，雄球花黄色，椭圆形。雌球果圆球形，种鳞肉质愈合，不开裂，2~3年成熟，暗褐色；种子卵圆形无翅（图14-3）。

（二）观察腊叶标本

1. 新疆方枝柏（*Juniperus pseudosabina* Fisch. et Mey.）

为松柏纲柏科匍匐灌木。侧枝斜展或直立，小枝被交互对生的干枯鳞叶，鳞叶脱落后，小枝呈灰色或灰红褐色；末回小枝全由草质鳞叶组成，易脱落，四棱形；鳞叶呈菱形，顶端钝，内弯，背腺长圆形，居中部。球花单性异株，雌球果黑色，被白粉；含1粒种子，卵圆形。

2. 中麻黄（*Ephedra intermedia* Schrenk ex Mey.）

为买麻藤纲麻黄科小灌木。节上对生或轮生当年生小枝，当年生枝几相互平行向上，淡灰绿色，密被蜡粉，光滑；叶片2枚，连合成鞘状。雌雄异株；雄球花对生或轮生于节上，内含3朵花，具膜质假花被；雌球花常对生，具3~4对苞片；雌球花成熟时，苞片红色，包在外面，呈浆果状；含2粒种子。

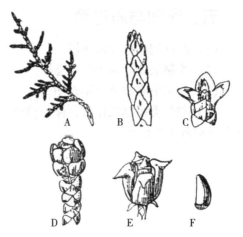

A、B. 营养枝；C. 小孢子叶；
D. 大孢子叶；E. 果实；F. 种子

图14-2 侧柏
[*Platycladus orientalis*（L.）Franco]

图14-3 圆柏
（*Juniperus chinensis* L.）

五、作业与思考题

（1）绘制侧柏枝叶形态图。

（2）绘制银杏叶和果实形态图。

（3）绘制中麻黄茎叶形态图。

（4）与蕨类植物相比较，裸子植物在形态和结构上出现哪些特征，使其能更加适应陆生生活？

实验十五　被子植物分科（一）

一、实验目的与要求

（1）掌握木兰科、毛茛科、石竹科、藜科植物的主要形态特征。

（2）观察和识别木兰科、毛茛科、石竹科、藜科常见代表植物。

二、仪器与用具

解剖镜、镊子、解剖针、刀片、载玻片、盖玻片等。

三、实验材料

新鲜材料：芍药、毛茛、石竹、繁缕、菠菜、藜、木地肤、盐地碱蓬等。

腊叶标本：玉兰、紫玉兰、鹅掌楸等。

四、实验内容

（一）木兰科 Magnoliaceae

1. 形态特征

木本，树皮、叶和花有香气。单叶互生，全缘或浅裂；托叶大，包被幼芽，脱落后在小枝上留下环状托叶痕。花大，单生于枝顶或叶腋；两性，整齐，花托伸长或突出；花被呈花瓣状，3 基数，多轮；雄蕊多数离生，螺旋状排列于柱状花托的下部，花药长，花丝短，花药 2 室，纵裂；雌蕊多数离生，螺旋状排列于柱状花托的上部，每心皮含胚珠 1 至多数。聚合蓇葖果或带翅的聚合坚果，花托于果时延长。种子内胚小，有丰富的胚乳。

2. 常见代表植物

（1）玉兰 ［*Yulania denudata*（Desr.）D. L. Fu］：校园内直接观察或取标本进行观察。玉兰为落叶乔木。幼枝上留有环状托叶痕。花大顶生，白色，先叶开放；花被 3 轮，共 9 枚；每心皮有胚珠 1~2。聚合蓇葖果，背缝线开裂（图 15-1）。

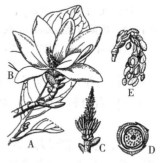

A. 叶枝；B. 花枝；C. 雄蕊群和雌蕊群；D. 花图式；E. 果实

图 15-1　玉兰 ［*Yulania denudata*（Desr.）D. L. Fu］

（引自贺学礼《植物学实验》，2004）

（2）鹅掌楸［*Liriodendron chinense*（Hemsl.）Sarg.］：校园内直接观察或取标本进行观察。落叶乔木。叶3裂片，中间裂片顶端截形，形似"马褂"，故鹅掌楸又名马褂木。花顶生；萼片3，花瓣6，内花被片黄色。聚合翅果，果翅先端钝或钝尖。

（二）毛茛科 Ranunculaceae

1. 形态特征

草本，稀为灌木或木质藤本。叶互生或基生，稀对生，掌状或羽状分裂，或为1至多回三出或羽状复叶，极少全缘。花两性，稀单性，辐射对称或两侧对称，单生或排成各种花序；萼片3至多数，常花瓣状；花瓣3至多数；雄蕊多数分离；心皮多数，离生，螺旋状排列于膨大的花托上，子房上位，胚珠多数至1个。聚合菁葖果或聚合瘦果，稀浆果。种子有胚乳。

2. 常见代表植物

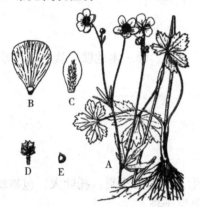

A. 植株；B. 花瓣；C. 花萼；D. 聚合果；E. 瘦果

图 15-2 毛茛（*Ranunculus japonicus* Thunb.）

（引自贺学礼《植物学实验》，2004）

（1）毛茛（*Ranunculus japonicus* Thunb.）：取毛茛具花、果新鲜植株进行观察，为多年生草本。基生叶3深裂或3浅裂。花单生或成聚伞花序；花瓣5，黄色，基部具1鳞片状蜜腺，萼片5；雄蕊、雌蕊均多数离生。聚合瘦果成头状（图15-2）。

（2）芍药（*Paeonia lactiflora* Pall.）：取芍药具花、果新鲜枝条观察，为多年生宿根草本。叶为二回三出复叶。花大型，美丽；萼片3~5，花瓣5~13；雄蕊多数离生；心皮3~5个，离生。聚合菁葖果。

（三）石竹科 Caryophyllaceae

1. 形态特征

草本，茎节常膨大。单叶对生，全缘。花两性，辐射对称，单生或组成聚伞花序；萼片4~5，分离或结合成筒状，常宿存；花瓣4~5，常有爪；雄蕊2轮8~10枚或1轮4~5枚；雌蕊2~5心皮合生，子房上位，特立中央胎座或基生胎座，1室，下半部为中轴胎座，花柱2~5，胚珠多数。蒴果，顶端齿裂或瓣裂；种子具各式雕纹，胚弯曲包围外胚乳。

2. 常见代表植物

（1）石竹（*Dianthus chinensis* L.）：取石竹具花、果新鲜枝条观察，为多年生草本。花单生或聚伞花序；花萼圆筒状，具5齿；花瓣5，顶端齿裂，花色多样；雄蕊10，2轮；花柱2。蒴果圆筒形或长圆形，顶端4齿裂或瓣裂（图15-3）。

（2）繁缕［Stellaria media（L.）Villars］：取繁缕具花、果新鲜植株观察，为一年生草本。茎细弱，叶卵形。顶生聚伞花序；花萼分离，花瓣5，白色，2深裂达基部，无瓣柄；雄蕊通常10；子房1室，花柱3。蒴果瓣裂。

（四）藜科 Chenopodiaceae

1. 形态特征

多为草本，常具粉粒状物。单叶互生，常肉质，无托叶。花常密集簇生，形成穗状或圆锥状花序；花小，两性花，萼片2~5裂，常为绿色，花后常增大而宿存，无花瓣；雄蕊与萼片同数而对生；子房上位，胚珠1个。胞果，包于宿存萼内，胚弯曲或螺旋状，具外胚乳。

2. 常见代表植物

（1）藜（Chenopodium album L.）：取藜具花、果新鲜植株观察，为一年生草本。茎直立，有棱和绿色或紫红色的条纹，多分枝。叶互生，具长柄，叶菱状卵形，卵状三角形，上面光滑，下面被白粉。数花集成腋生或顶生的圆锥花序，花两性，花被片5，边缘膜质，雄蕊5，花柱2分离。胞果包于花被内，果皮薄（图15-4）。

（2）木地肤［Bassia prostrata（L.）Beck］：取木地肤具花、果新鲜植株观察，为一年生草本。茎多分枝，单叶互生，扁平呈线形或条状披针形，常具明显的3条主脉，多无柄。花小两性，常单生或两朵生于叶腋，无花梗，无苞片，萼5裂内曲，果时有横生翅，膜质。胞果扁球形，果皮膜质（图15-5）。

（3）盐地碱蓬［Suaeda salsa（L.）Pall.］：

A. 植株；B. 花瓣；C. 雄蕊群和雌蕊群；
D. 苞片、萼筒和蒴果

图 15-3 石竹（Dianthus chinensis L.）

引自贺学礼《植物学实验》，2004

A. 植株；B. 叶；C. 花；
D. 带宿存花被的果实；E. 种子

图 15-4 藜（Chenopodium album L.）

（引自富象乾《植物分类学（第二版）》，1995）

取盐地碱蓬具花、果新鲜植株观察，为一年生草本，绿色或紫红色。茎直立，圆柱状，有条棱，上部多分枝。叶线形或条状半圆形，先端尖或微钝，肉质无柄。花杂性，2~5 朵簇生于叶腋（图 15-6）。

A. 枝；B. 叶；C. 果时花被

图 15-5　盐地碱蓬

［*Suaeda salsa*（L.）Pall.］

A. 植株；B. 果时花被

图 15-6　木地肤

［*Bassia prostrata*（L.）Beck.］

五、作业与思考题

（1）写出毛茛、石竹等植物的花程式。

（2）绘制藜和盐地碱蓬花形态图。

（3）尽可能详尽地阐述你对以下形态术语的理解和认识：花被片、胞果。

实验十六　被子植物分科（二）

一、实验目的与要求

（1）掌握锦葵科、葫芦科、杨柳科、十字花科植物的主要形态特征。
（2）观察和识别锦葵科、葫芦科、杨柳科、十字花科常见代表植物。

二、仪器与用具

解剖镜、镊子、解剖针、刀片、载玻片、盖玻片等。

三、实验材料

新鲜材料：陆地棉、蜀葵、黄瓜、西瓜、新疆杨、毛白杨、胡杨、灰叶胡杨、垂柳、旱柳、圆头柳、油菜、萝卜、荠菜、宽叶独行菜、球果群心菜、遏蓝菜等。

四、实验内容

（一）锦葵科 Malvaceae

1. 形态特征

草本或灌木，茎皮韧皮纤维发达。单叶，互生，掌状分裂或全缘，具托叶，早落。花两性，辐射对称，单生或簇生叶腋；萼片常5枚，基部合生或分离，萼外常具由苞片变成的副萼；花瓣5片，旋转状排列，近基部与雄蕊管贴生；雄蕊多数，为单体雄蕊，花药1室纵裂，花粉粒大，具刺；子房上位，由2至多心皮合生，中轴胎座，3至多室，每室胚珠1至多数。蒴果或分果，种子有胚乳。

2. 常见代表植物

（1）陆地棉（*Gossypium hirsutum* L.）：取陆地棉具花、果新鲜枝条观察。陆地棉为一年生草本至亚灌木。叶阔卵形，掌状分裂。花大，白色或黄色，单生于枝端；副萼片3，边缘7~9齿，叶状。蒴果3~5瓣，背缝开裂，种子密被白色长绵毛（图16-1）。

（2）蜀葵（*Alcea rosea* Linnaeus）：取蜀葵具花、果新鲜枝条观察。蜀葵为2年生直立草本，高达2m，全体被柔毛。花大型，单生叶腋或成顶生总状花序；花冠漏斗状，花色多样；副萼6~9，卵状披针形，合生；心皮约30枚或更多。分果盘状。

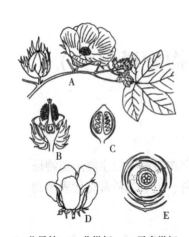

A. 花果枝；B. 花纵切；C. 子房纵切；
D. 蒴果；E. 花图式

图 16-1　陆地棉 (*Gossypium hirsutum* L.)

（引自贺学礼《植物学实验》，2004）

名胡瓜。取黄瓜具花、果新鲜枝条观察，为草质藤本。茎卷须不分枝。雌雄同株，雄花数朵簇生，雌花单生或稀簇生；花冠阔钟形，黄色，5 深裂。瓠果圆柱形，果皮粗糙，常具刺尖瘤状突起（图 16-2）。

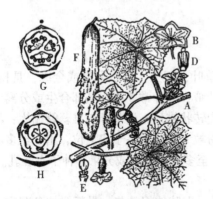

A. 植株；B. 雄花；C. 雌花；D. 雄蕊群；E. 雌蕊群；
F. 果实；G 雄花图式；H 雌花图式

图 16-2　黄瓜 (*Cucumis sativus* L.)

（引自贺学礼《植物学实验》，2004）

果，2~4 瓣裂，种子小，具许多长柔毛。

2. 常见代表植物

（1）新疆杨 (*Populus alba* var. *pyramidalis* Bunge)：取新疆杨具花、果的新

（二）葫芦科 Cucurbitaceae

1. 形态特征

草质藤本，常具侧生茎卷须，具双韧维管束。单叶互生，多掌状分裂，无托叶。花单性，雌雄同株或异株，单生或为总状、聚伞和圆锥花序；花萼筒状或钟状，5 裂；花冠合生，5 裂；雄蕊 5 枚，常两两结合，1 枚分离而形似 3 枚，花药常"S"形弯曲，聚药雄蕊；雌蕊由 3 心皮合生 1 室，子房下位，侧膜胎座，胚珠多枚，柱头 3 裂。瓠果，肉质或最后干燥变硬，不开裂、瓣裂或周裂；种子多数，常扁平，无胚乳。

2. 常见代表植物

（1）黄瓜 (*Cucumis sativus* L.)：又

（2）西瓜 [*Citrullus lanatus* (Thunb.) Matsum. et Nakai]：取西瓜具花、果新鲜枝条观察，为草质藤本。卷须分枝。叶羽状深裂。花淡黄色。瓠果大型，平滑，肉质。

（三）杨柳科 Salicaceae

1. 形态特征

落叶乔木。单叶互生，有托叶。花单性，多为雌雄异株，柔荑花序，花常先叶开放；每花基部具 1 苞片，无花被，有由花被退化而来的花盘或蜜腺；雄花具 2 至多数雄蕊；雌花子房上位，1 室，由 2 个合生心皮组成，侧膜胎座。蒴

鲜枝条观察。新疆杨为乔木，树皮青绿色，光滑不裂。幼叶两面具厚绒毛，老叶仅背面具白毛，暗绿色，无光泽；叶缘5~7裂或大牙齿状，叶脉掌状，叶基截形，叶柄扁平弯向一边，两侧具盘状腺体。花序下垂，每穗90~100小花；每雄花具6~8枚雄蕊，花药红色，有花盘，苞片褐色，边缘具齿，有白柔毛。

（2）胡杨（*Populus euphratica* Oliv.）：取胡杨具花、果的新鲜枝条观察，为乔木。叶形多变化，幼树及长枝叶披针形、条状披针形，有短柄；老树及短枝叶广卵形、菱形、肾形或扇形，边缘多有齿，叶柄较长。雄蕊多数，花药暗红色，苞片边缘细裂。蒴果长椭圆形，3~4瓣裂（图16-3）。

（3）垂柳（*Salix babylonica* L.）：取垂柳具花、果的新鲜枝条观察，为乔木。枝条细长下垂，叶线状披针形或矩圆形，叶缘细锯齿，基部歪斜，两面无毛。雄花2枚，具2枚腺体；雌花1枚腺体，黄色透明，苞片披针形。

（4）旱柳（*Salix matsudana* Koidz.）：取旱柳具花、果的新鲜枝条观察，为乔木。枝条直立或开展，叶披针形，叶缘具小锯齿，上面沿中脉生绒毛，下面具白色绢毛。雄花2枚，雄花和雌花均具2枚腺体，苞片卵形（图16-4）。

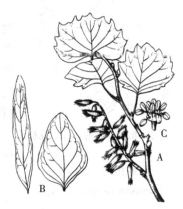

A. 果枝；B. 不同形态的叶；C. 雄花

图16-3 胡杨

（***Populus euphratica* Oliv.**）

（四）十字花科 Brassicaceae

1. 形态特征

草本。叶异型，基生叶莲座状，茎生叶互生。花两性，萼片、花瓣各4，十字形花冠；四强雄蕊，雌蕊由2心皮组成，具假隔膜，子房上位，侧膜胎座。角果。

2. 常见代表植物

（1）油菜（*Brassica campestris* L.）：取油菜具花、果的新鲜植株观察，为一年生草本。基生叶椭圆形，大头羽状分裂，密被刺毛；茎生叶提琴形或披针形，基部心形抱茎，全缘或有波状细齿。总状花序，花黄色，雄蕊6枚，花丝基部有4个腺体。长角果具喙（图16-5）。

（2）荠菜〔*Capsella bursa-pastoris* （L.）

A. 果枝；B. 雄花序；C. 雄花；D. 雌花

图16-4 旱柳

（***Salix matsudana* Koidz.**）

A. 花枝；B. 去花被的花；C. 花被；
D. 长角果；E. 花图式
图 16-5 油菜
(*Brassica campestris* L.)

Medic.]：取荠菜具花、果的新鲜植株观察，为一年生草本，植株多被星状毛。基生叶莲座状，大头羽状分裂；茎生叶抱茎。总状花序，花小，白色。短角果倒三角形或倒心形，种子多数（图 16-6）。

（3）宽叶独行菜（*Lepidium obtusum* Basin.）：取宽叶独行菜具花、果的新鲜植株观察，为多年生草本。茎直立，上部分枝；单叶，矩圆状披针形或卵状披针形，叶缘有粗锯齿。总状花序，花小，白色，萼片短。短角果圆形或卵形，每室 1 粒种子（图 16-7）。

（4）球果群心菜（*Lepidium chalepense* L.）：取球果群心菜具花、果的新鲜植株观察，为多年生草本。茎直立，全株被单毛；叶卵状披针形，叶缘有牙齿，基部抱茎。总状花序，花小，白色。短角果膨胀，球形，不开裂，每室 1~2 粒种子。

A. 植株；B. 花；C. 果实
图 16-6 荠菜 [*Capsella
bursa-pastoris*（L.）Medic.]

A. 果枝；B. 植株的下部
图 16-7 宽叶独行菜
(*Lepidium obtusum* Basin.)

五、作业与思考题

（1）写出陆地棉、锦葵、胡杨等植物的花程式。

（2）绘制柳属植物雌花和雄花形态图。

（3）尽可能详尽地阐述你对以下形态术语的理解和认识：异形叶、十字形花冠、四强雄蕊、长角果或短角果、侧膜胎座、假隔膜。

实验十七　被子植物分科（三）

一、实验目的与要求

（1）掌握蔷薇科、豆科、伞形科植物的主要形态特征。
（2）观察和识别蔷薇科、豆科、伞形科常见代表植物。

二、仪器与用具

解剖镜、镊子、解剖针、刀片、载玻片、盖玻片等。

三、实验材料

新鲜材料：粉花绣线菊、月季、疏花蔷薇、黄刺玫、苹果、红果山楂、榆叶梅、桃；合欢、皂荚、洋槐、紫穗槐、毛刺槐、苦豆子；胡萝卜、芹菜等。

四、实验内容

（一）蔷薇科 Rosaceae

1. 形态特征

草本、灌木或乔木。单叶或复叶，常具托叶。花两性，辐射对称，花托突起或下陷成杯状、壶状或浅盘状的花筒，花下位、周位或上位；萼裂片、花瓣常为5片；雄蕊多数；雌蕊有1至多个心皮，分离或连合；上位或下位子房。果实为核果、梨果、瘦果或蓇葖果，稀蒴果。

2. 常见代表植物

Ⅰ绣线菊亚科（Spiraeoideae）

灌木。多无托叶。花筒微凹成盘状，心皮常5，分离；子房上位。果实为开裂的蓇葖果。

粉花绣线菊（*Spiraea japonica* L. f.）：取粉花绣线菊具花、果的新鲜枝条观察，为灌木。单叶，互生；叶片卵形至卵状椭圆形，先端急尖至短渐尖，基部楔形，下面色浅或有白霜。复伞房花序生于当年生直立新枝顶端，花朵密集，密被短柔毛；花瓣卵形至圆形，雄蕊25~30，远较花瓣长。蓇葖果半开张。

Ⅱ蔷薇亚科（Rosoideae）

灌木或草本。多为羽状复叶或深裂，互生，托叶发达。花托凸起或花筒壶状；心皮多数，离生，子房上位。聚合瘦果或聚合核果。

（1）月季（*Rosa chinensis* Jacp.）：取月季具花、果的新鲜枝条观察，为直立灌木，小枝常具钩状皮刺。奇数羽状复叶，小叶 3 ~ 5 枚，表面光滑，托叶大，边缘具腺毛。花红色或玫瑰色，重瓣。蔷薇果卵圆形或梨形，红色。

（2）疏花蔷薇（*Rosa laxa* Retz.）：取疏花蔷薇具花、果的新鲜枝条观察，为灌木，枝无刺毛。羽状复叶，小叶无皱折；托叶宽，具开展的耳。花单生或伞房花序，花瓣白色或基部淡黄色，花萼 5 裂，结果时宿存，蔷薇果圆球形，红色（图 17-1）。

（3）黄刺玫（*Rosa xanthina* Lindl.）：取黄刺玫具花、果的新鲜枝条观察，为灌木。小枝紫褐色，具扁平而直立的皮刺。奇数羽状复叶，小叶 7 ~ 13 枚，宽卵形或近圆形，边缘有钝锯齿，托叶小，下部与叶柄相连。花单生；无苞片，花瓣黄色，重瓣；萼片 5，全缘；雄蕊多数。蔷薇果近球形，红褐色，萼片宿存（图 17-2）。

图 17-1　疏花蔷薇（*Rosa laxa* Retz.）

图 17-2　黄刺玫（*Rosa xanthina* Lindl.）

Ⅲ苹果（梨）亚科（Pomoideae）

乔木。单叶互生，有托叶；萼片、花瓣各 5；雄蕊多数；心皮 2 ~ 5，合生，子房下位，梨果。

（1）苹果（*Malus pumila* Mill.）：取苹果具花、果的新鲜枝条观察，为落叶乔木。叶椭圆形或卵形，叶基常近圆形或宽楔形，叶缘锯齿圆钝，幼时两面被短柔毛，后期脱落。3 ~ 7 朵花组成伞房花序，花白色或微红色。梨果常扁球形，两端微凹，直径在 4cm 以上（图 17-3）。

（2）红果山楂（*Crataegus sanguinea* Pall.）：取红果山楂具花、果的新鲜枝条观察，为乔木，常具枝刺。单叶互生，常具 3 ~ 5 裂片，托叶大。伞房花序，花白色，花药紫红色。梨果红色，直径 1cm，萼片宿存。

Ⅳ李（梅）亚科（Prunoideae）

灌木或小乔木。单叶互生，有托叶。花筒杯状，单雌蕊，子房上位。核果。

　　（1）榆叶梅（*Prunus triloba* Lindl.）：取榆叶梅具花、果的新鲜枝条观察，为灌木。叶宽椭圆形至倒卵形，先端常 3 裂，叶缘有不等的粗重锯齿。花 1~2 朵腋生，先叶开放，粉红色，花梗短或无。核果近球形，红色，有沟被毛。

　　（2）桃（*Prunus persica* L.）：取桃具花、果的新鲜枝条观察，为乔木。叶卵状披针形或椭圆状披针形，边缘单锯齿，较钝。花常单生，粉红色，几无柄。核果卵球形，被绒毛（图 17-4）。

A. 花枝；B. 花；C. 花的纵剖面；D. 果实

图 17-3　苹果（*Malus pumila* Mill.）

A. 花枝；B. 果枝；C. 花纵剖面；
D. 雄蕊；E. 果核

图 17-4　桃（*Prunus persica* L.）

（二）豆科 Fabaceae

1. 形态特征

　　乔木、灌木或草本。常有根瘤。三出或羽状复叶，稀单叶，互生，具托叶；叶枕发达。花辐射对称或两侧对称，花序有总状花序、头状花序、穗状花序；花两性、萼片、花瓣各 5，花冠多为蝶形或假蝶形；雄蕊通常 10 枚，二体雄蕊或单体雄蕊，子房上位，边缘胎座。荚果有各种形状，常沿背腹两个缝线开裂。

2. 常见代表植物

Ⅰ含羞草亚科（Mimosoideae）

　　多木本。二回羽状复叶。花辐射对称，花瓣镊合状排列，基部常结合，雄蕊不定数到多数。荚果具有次生横隔膜。

　　合欢（*Albizia julibrissin* Durazz.）：取合欢具花、果新鲜枝条观察，为乔木。二回羽状复叶，小叶 20~26 对。头状花序，花瓣、萼片小，辐射对称，各 5 个，基部联合；雄蕊多数，花丝细长、淡红色。荚果扁平，不开裂（图 17-5）。

Ⅱ云实亚科（Caesalpinioideae）

　　木本，少草本。通常偶数羽状复叶，稀单叶。花两侧对称，花瓣常呈上升覆瓦状排列，即最上一瓣在内，形成假蝶形花冠；雄蕊 10 或较少，多分离。荚果。

皂荚 (*Gleditsia sinensis* Lam.)：取皂荚具花、果的新鲜枝条观察，为乔木。具枝刺，刺常分枝。偶数羽状复叶，小叶 4~8 对，叶背有毛。总状花序腋生，花杂性，黄白色，花瓣、萼片均 4。荚果带形，厚，外果皮为厚木质，可代肥皂。

Ⅲ蝶形花亚科 (Faboideae)

草本、灌木、乔木和藤本。根部具根瘤。羽状复叶或三出复叶，稀单叶，具托叶。花序种种，花两性；蝶形花冠，雄蕊通常 10 枚，二体雄蕊，雌蕊花柱与子房成一定角度。荚果有各种形状。

（1）洋槐 (*Robinia pseudoacacia* L.)：取洋槐具花、果的新鲜枝条观察，为乔木，树皮褐色。奇数羽状复叶，具托叶刺，小叶 7~25 枚，小叶有柄。总状花序腋生，花白色，萼筒上有红色斑纹，旗瓣外反，基部有黄色斑点。荚果扁平带状（图 17-6）。

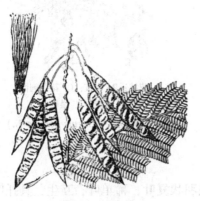

图 17-5 合欢

（*Albizia julibrissin* Durazz.）

A. 花枝；B. 花萼；C. 旗瓣；D. 翼瓣；
E. 龙骨瓣；F. 雄蕊；G. 雌蕊；H. 荚果

图 17-6 洋槐（*Robinia pseudoacacia* L.）

（2）紫穗槐 (*Amorpha fruticosa* L.)：取紫穗槐具花、果的新鲜枝条观察，为灌木。羽状复叶，小叶 11~25 枚，具腺点。穗状花序集生于枝条上部；花冠紫蓝色，旗瓣心形或倒卵形，缺少翼瓣和龙骨瓣；雄蕊 10，每 5 个 1 组，伸出花冠外。荚果棕褐色，弯曲，具瘤状腺点。

（3）毛刺槐 (*Robinia hispida* L.)：取毛刺槐具花、果的新鲜枝条观察，为灌木。奇数羽状复叶，小叶 7~11 枚，幼枝、叶轴和花序轴均具红色硬毛。总状花序，花红色。荚果被毛。

（4）苦豆子 (*Sophora alopecuroides* L.)：取苦豆子具花、果的新鲜枝条观察，为多年生草本，被毛。奇数羽状复叶，小叶 11~25 枚，托叶钻形。总状花序顶生，花黄色，花萼钟状具毛，旗瓣向外反卷；雄蕊 10 分离。荚果念珠状，密生短细毛（图 17-7）。

（三）伞形科 Apiaceae

1. 形态特征

草本，常含挥发性油而具异味。茎常有棱，中空。叶互生，多为羽状复叶或裂叶，叶柄基部膨大或呈鞘状抱茎。伞形或复伞形花序；花小，两性，5 基数，多辐射对称；花萼 5，很小或不明显；花瓣 5；雄蕊 5，与花瓣互生；2 心皮，子房下位，2 室，每室 1 胚珠，花柱 2，基部膨大成上位花盘。双悬果，成熟时由 2 心皮合生面分离成，两个分果的心皮柄相连而倒悬，果皮上具 5 条纵棱或翅及刺，或平滑；种子胚小。

图 17-7 苦豆子
(*Sophora alopecuroides* L.)

2. 常见代表植物

（1）胡萝卜（*Daucus carota* var. *sativa* Hoffm.）：取胡萝卜具花、果新鲜植株观察，为 2 年生草本，具肥大肉质直根。2~3 回羽状裂叶。复伞形花序，总苞片叶状，羽状分裂；萼齿不明显，花瓣 5，白色或淡黄色。果略背腹压扁，具刺毛（图 17-8）。

（2）芹菜（*Apium graveolens* var. *dulce* DC.）：取芹菜具花、果新鲜植株观察，为 1 年或 2 年生草本。茎直立，全株无毛，具棱角和沟纹。基生叶 1~2 回羽状全裂，茎生叶 3 全裂。复伞形花序，花绿白色。果近圆形至椭圆形，果棱尖锐。

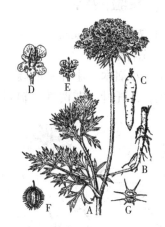

A. 植株；B. 根；C. 肉质根；
D. 中心花；E. 边缘花；F. 果实；G. 果实横切

图 17-8 胡萝卜
(*Daucus carota* var. *sativa* Hoffm.)

五、作业与思考题

（1）绘制黄刺玫花枝形态图。

（2）绘制洋槐花纵剖图，并注明各部名称。

（3）绘制合欢、洋槐和苦豆子 3 种植物荚果的形态图。

（4）尽可能详尽地阐述你对以下形态术语的理解和认识：辐射对称、菁葖果、蔷薇果、核果、梨果。

实验十八　被子植物分科（四）

一、实验目的与要求

（1）掌握茄科、唇形科、木樨科、菊科植物的形态特征。
（2）观察和识别茄科、唇形科、木樨科、菊科常见代表植物。

二、仪器与用具

解剖镜、镊子、解剖针、刀片、载玻片、盖玻片等。

三、实验材料

新鲜材料：茄、龙葵，薄荷、一串红，紫丁香、天山梣、连翘、小叶女贞，向日葵、菊花、刺儿菜、蒲公英、苦苣菜、乳苣、田野苦荬菜等。

四、实验内容

（一）茄科 Solanaceae

1. 形态特征

草本，小灌木、小乔木或藤本，具双韧维管束。单叶全缘、分裂或羽状复叶，互生，无托叶。花两性，辐射对称，单生或为聚伞花序；花萼常5裂，宿存，有时果期膨大；花冠5裂，辐射状、钟状或漏斗状；雄蕊5，着生于花冠筒上，与花冠裂片同数互生；有花盘，2心皮，子房上位，中轴胎座，2室，稀为假隔膜分成3~5室，胚珠多数。浆果或蒴果。

2. 常见代表植物

（1）茄（*Solanum melongena* L.）：取茄具花、果新鲜枝条观察，为草本，全株被星状毛。单叶。花单生，花冠辐状或浅钟状。浆果紫色或白色（图18-1）。

（2）龙葵（*Solanum nigrum* L.）：取龙葵具花、果新鲜植株观察，为1年生草

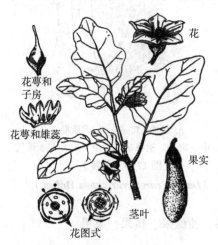

图18-1　茄（*Solanum melongena* L.）

本，多分枝。叶卵形。花序腋外生，花白色。浆果黑色。

（二）唇形科 Lamiaceae

1. 形态特征

草本稀灌木，乔木，常含芳香油。茎四棱形。单叶，稀复叶，对生或轮生，无托叶。腋生聚伞花序构成轮伞花序，花两性，两侧对称，稀近辐射对称；花萼5裂或近二唇形，宿存；花冠5裂，稀4裂，二唇形；雄蕊4枚，二强或有时退化成2枚，着生于花冠筒上；下位花盘全缘或2～4裂，雌蕊2心皮，子房上位，常4裂成4室，每室1胚珠，柱头2裂。果为4个小坚果。

2. 常见代表植物

（1）薄荷（*Mentha canadensis* Linnaeus）：取薄荷具花、果新鲜植株进行观察，为多年生草本，具根状茎。全草有强烈香气。叶两面有毛，叶背有腺点。轮伞花序腋生，花淡紫色；花萼5裂，花冠4裂；雄蕊4。

（2）一串红（*Salvia splendens* Ker-Gawler）：取一串红具花、果新鲜植株观察，为草本。叶卵圆形。轮伞花序2～6花，组成顶生总状花序，苞片卵圆形，红色；花萼、花冠均红色，二唇形。小坚果椭圆形（图18-2）。

图18-2 一串红（*Salvia splendens* Ker-Gawler）

（三）木樨科 Oleaceae

1. 形态特征

乔木或灌木。单叶或复叶，叶对生，无托叶。聚伞花序或圆锥花序，花两性，辐射对称；花萼通常4裂，花瓣4，合瓣花冠，花冠管长或短；雄蕊2，心皮2，合生，子房上位，2室，每室有胚珠1～3枚。果为核果、蒴果、浆果或翅果。

2. 常见代表植物

（1）紫丁香（*Syringa oblata* Lindl.）：取紫丁香具花、果新鲜枝条观察，为灌木，小枝光滑。单叶对生，叶卵形或广卵形，无毛。圆锥花序，花两性，常蓝紫色，花冠筒细长，具卵形钝尖；雄蕊2枚，冠生，子房上位，2室，柱头2裂。蒴果（图18-3）。

（2）天山梣（*Fraxinus sogdiana* Bunge）：取天山梣具花、果新鲜枝条观察，

图18-3 紫丁香
(*Syringa oblata* Lindl.)

为落叶乔木。奇数羽状复叶，对生于去年生枝上，小叶7~13枚，卵形、披针形或窄披针形。圆锥花序，2~3花轮生，无花冠，雄蕊2。翅果矩圆形，扭转。

（3）连翘［*Forsythia suspensa*（Thunb.）Vahl.］：分别取连翘具花和果腊叶标本观察，为落叶灌木。叶对生，单叶或3小叶，卵形至长圆状卵形，中上部边缘有粗锯齿。花金黄色，1~3朵腋生，先叶开放，先端4深裂。蒴果狭卵圆形，种子有翅。

（4）女贞（*Ligustrum lucidium* Ait.）：取女贞具花、果新鲜枝条观察，为常绿灌木。单叶对生，叶革质。圆锥花序顶生，花小白色。核果（图18-4）。

图18-4 女贞
(*Ligustrum lucidium* Ait.)

（四）菊科 Compositae

1. 形态特征

草本，稀灌木，有的植物具有乳汁。叶互生，稀对生、轮生，无托叶。头状花序，花序的基部有总苞；头状花序可再集成总状、穗状、聚伞状或圆锥状的复花序。头状花序有的全为舌状花或管状花；有的头状花序边花为舌状，而盘花为管状；花两性或单性，少有中性，辐射对称或两侧对称，花萼常退化成冠毛或鳞片；雄蕊5枚，花药相互连接成为聚药雄蕊；雌蕊2心皮，合生，子房下位，1室，1胚珠。瘦果。

2. 常见代表植物

I 管状花亚科（Carduoideae）

头状花序全为管状花，或既有管状花又有舌状花，植物体无乳汁。

（1）向日葵（*Helianthus annuus* L.）：取向日葵具花、果新鲜植株观察，为一年生草本。茎直立，不分枝，具粗壮短硬毛。单叶互生，卵形具长柄。头状花序大型，外有几层叶状苞片组成的总苞；花托边缘有一圈黄色舌状中性花，内有多数棕紫色管状两性花组成，5片花瓣结合成筒状，聚药雄蕊，2心皮组成1室，1胚珠。瘦果倒卵形（图18-5）。

（2）菊花［*Dendranthema morifolium*（Ramat.）Tzvel.］：取菊花具花、果新鲜植株观察，为多年生草本，基部木质。叶卵形，有缺刻及锯齿。头状花序边缘多舌状花，中央多管状花。
著名观赏花卉，品种极多。

（3）刺儿菜（*Cirsium arvense* var. *integrifolium* C. Wimm. et Grabowski）：取刺儿菜具花、果新鲜植株观察，为多年生草本，具横走的根状茎。单叶互生，全缘，边缘具刺状牙齿。头状花序全为管状花，总苞片多层，花序托有刺毛；雌、雄花细管状，5裂，花冠紫红色。瘦果椭圆形，冠毛羽毛状。

Ⅱ舌状花亚科（Cichorioideae）

头状花序均由舌状花组成，植物体具乳汁。

（1）蒲公英（*Taraxacum mongolicum* Hand. -Mazz.）：取蒲公英具花、果新鲜植株观察，为多年生草本，有白色乳汁。叶莲座状平展，狭倒披针形，大头羽状分裂。花葶顶生1个头状花序，花全为黄色舌状两性花，总苞片2层，花序托平坦，花药合生成筒状，花柱细长，柱头2裂。瘦果褐色，顶端有细长的喙，着生多数白色软冠毛（图18-6）。

（2）苦苣菜（*Sonchus oleraceus* L.）：取苦苣菜具花、果新鲜植株观察，为一年生草本，有乳汁。茎上部具黑褐色腺毛，叶柔软无毛，大头羽状全裂或提琴状羽裂，基部常抱茎。头状花序有黄色舌状花，总苞片2～4层。瘦果倒卵形，有白色细长冠毛。

（3）乳苣〔*Lactuca tatarica*（L.）

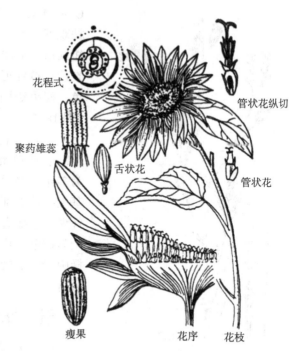

图18-5　向日葵（*Helianthus annuus* L.）

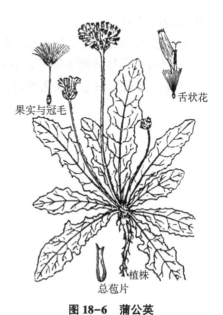

图18-6　蒲公英
（*Taraxacum mongolicum* Hand. -Mazz.）

瘦果 植株上部

图18-7 蒙山莴苣

[*Lactuca tatarica* (**L.**) **C. A. Mey.**]

公英等植物的花程式。

（3）在菊科两亚科中各选1种材料进行形态描述。

（4）尽可能详尽地阐述你对以下形态术语的理解和认识：头状花序、管状花、舌状花、总苞、冠毛、聚药雄蕊、瘦果。

C. A. Mey.]：取蒙山莴苣具花、果新鲜植株观察，为多年生草本，叶质厚，灰绿色，矩圆形，羽状或倒向羽状浅裂或半裂，顶裂片长披针形或长三角形。花淡紫色或紫色。瘦果矩圆形，灰色至黑色，冠毛白色（图18-7）。

（4）苣荬菜（*Sonchus wightianus* DC.）：取苣荬菜具花、果新鲜植株观察，为多年生草本，茎直立，分枝或不分枝。基生叶及下部茎生叶披针形或长椭圆状披针形，边缘有锯齿或羽状深裂。头状花序全为黄色舌状花，总苞片3~4层。瘦果呈椭圆形或纺锤形，冠毛白色，柔软，易脱落。

五、作业与思考题

（1）绘制蒙山莴苣的舌状花，刺儿菜的管状花，并注明各部分名称。

（2）写出龙葵、一串红、紫丁香、蒲

实验十九　被子植物分科（五）

一、实验目的与要求

（1）掌握禾本科、百合科、鸢尾科、兰科植物的主要形态特征。
（2）观察和识别禾本科、百合科、鸢尾科、兰科常见代表植物。

二、仪器与用具

解剖镜、镊子、解剖针、刀片、载玻片、盖玻片等。

三、实验材料

新鲜材料：小麦、苇状羊茅、狗牙根、稗；洋葱、葱、蒜、小黄花菜、西北天门冬；马蔺、射干等。

腊叶标本：绥草、建兰、小斑叶兰等。

四、实验内容

（一）禾本科 Gramineae

1. 形态特征

一至多年生草本，少数为木本；通常具根状茎。秆具明显的节和节间；叶互生，叶鞘开放，常具叶耳、叶舌。花序由小穗排列组成，小穗含 1 至多朵小花，基部常具内颖、外颖；花两性、单性或中性，外具内稃和外稃，2 枚浆片；雄蕊 3 或 6，子房上位，2 心皮 1 室，柱头常呈羽毛状。颖果。

2. 常见代表植物

Ⅰ竹亚科（Bambusoideae）

木本，秆木质坚硬；叶片具短柄，与叶鞘连接处常具关节而易脱落；雄蕊 6 枚。

代表植物有金镶玉竹（*Phyllostachys aureosulcata* ' spectabilis ' C. D. Chu et C. S. Chao）、紫竹 [*Phyllostachys nigra* （ Lodd. ex Lindl.） Munro]、湘妃竹（*Phyllostachys bambusoides* f. *lacrima-deae* Keng f. et Wen）等。

Ⅱ禾亚科（Agrostidoideae）

草本，秆通常为草质；叶片不具短柄而与叶鞘连接，也不易自叶鞘上脱落；雄蕊 3 枚。

（1）小麦（*Triticum aestivum* L.）：取小麦具花、果新鲜植株观察，为一至二

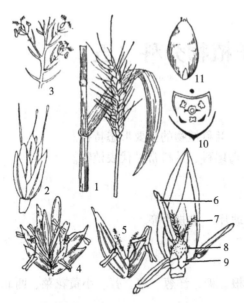

1. 茎叶及花序；2. 小穗；3. 小穗模式图；4. 开花的小穗；5. 小花；6. 雄蕊；7. 柱头；8. 子房；9. 浆片；10. 花图式；11. 颖果

图 19-1 小麦（*Triticum aestivum* L.）

年生草本，茎中空。叶由叶片和叶鞘组成。复穗状花序直立，有多数小穗组成，小穗两侧压扁，单生于穗轴各节；每小穗有 3~4 朵小花，花内有 2 枚浆片，3 枚雄蕊，子房 1 室上位，柱头 2 裂羽毛状。颖果卵形（图 19-1）。

（2）苇状羊茅（*Festuca arundinacea* Schreb.）：取苇状羊茅具花、果新鲜植株观察，为多年生草本。秆直立，光滑。叶片条形，上面及边缘粗糙，下面平滑。圆锥花序开展、直立或垂头，小穗含 4~5 朵小花，绿色或带紫色；颖片披针形，无毛，边缘膜质。颖果（图 19-2）。

（3）狗牙根 [*Cynodon dactylon* (L.) Pers.]：取狗牙根具花、果新鲜植株观察，为多年生草本，具根茎和匍匐茎，于匍匐茎节上生不定根和分枝。叶片条形，通常两面均无毛。穗状花序 3~6 枚指状着生于茎秆顶端；小穗仅含 1 朵小花。颖果长圆形（图 19-3）。

1. 植株下部；2. 小穗；3. 小花
图 19-2 苇状羊茅
（*Festuca arundinacea* Schreb.）

图 19-3 狗牙根
[*Cynodon dactylon* (L.) Pers.]

（4）稗 ［*Echinochloa crus-galli* (L.) P. Beauv.］：取稗具花、果新鲜植株观察，为一年生草本，叶片扁平，无叶舌。圆锥花序由数枚穗形总状花序组成，直立或下垂，常分枝；小穗近无柄，颖具 5 脉，有短硬毛或刺毛。颖果椭圆形。

（二）百合科 Liliaceae

1. 形态特征

多年生草本，具根状茎、鳞茎或块茎。茎直立或攀援，有时叶退化而茎成为叶状枝；单叶互生、对生、轮生，或退化为鳞片状。花两性，辐射对称，花被片通常 6，排列成 2 轮，离生或合生；雄蕊 6 枚，与花被片对生，花药 2 室；子房下位，稀半下位，由 3 心皮构成，中轴胎座。蒴果或浆果。

2. 常见代表植物

（1）洋葱（*Allium cepa* L.）：取洋葱具花、果新鲜植株观察，为多年生草本，鳞茎球形或扁球形。叶基生，圆筒状，中空。花茎中空筒状，伞形花序顶生，有 2~3 片反卷苞片；花被片 6，白色，雄蕊 6。蒴果（图 19-4）。

（2）蒜（*Allium sativum* L.）：取蒜具花、果新鲜植株观察，为多年生草本，鳞茎扁球形，由数个肉质厚瓣状的小鳞茎组成，外被白色或紫红色皮膜。叶线状披针形，扁平。花葶圆柱状，伞形花序，总苞厚膜质，花淡红色，花被片 6，两轮，花丝短于花被，子房常不孕，被珠芽所代替。

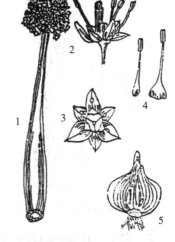

1. 花序；2、3. 花；4. 雄蕊；5. 鳞茎

图 19-4　洋葱（*Allium cepa* L.）

（3）小黄花菜（*Hemerocallis minor* Mill.）：取小黄花菜具花、果新鲜植株观察，为多年生草本，具短根状茎或须根。叶基生，条形。花葶直立，花黄色，具短梗或无梗，花被片 6，下部合生成筒状，裂片反曲，花冠呈漏斗状，雄蕊伸出，上弯。蒴果（图 19-5）。

（4）西北天门冬（*Asparagus breslerianus* Schultes & J. H. Schultes.）：取西北天门冬具花、果新鲜植株观察，为攀援植物，生于根状茎上。茎平滑，分枝成直角；叶状枝 3~5 枚簇生，扁圆柱形。叶鳞片状。花 2~4 朵腋生，红紫色或淡绿色。浆果球形，红色。

（三）鸢尾科 Iridaceae

1. 形态特征

多年生草本，有根状茎、球茎或鳞茎。叶多基生，呈 2 列，狭长，条形或剑形，常于中脉对折，基部套折成鞘状抱茎。花序多样；花两性，辐射对称或两侧对称，由苞片内抽出；花被片6，花瓣状，2轮排列，基部常合生；雄蕊3，生于外轮苞被基部；3心皮复雌蕊，子房下位，通常3室，中轴胎座，花柱3裂，有时花瓣状。蒴果。

2. 常见代表植物

（1）马蔺（*Iris lactea* Pall.）：又名马莲。取马蔺具花、果新鲜植株观察，为多年生草本。植株基部有红褐色、纤维状的枯萎叶鞘，叶条形。花蓝紫色，花被片6；花柱3，呈花瓣状。蒴果（图19-6）。

图 19-5 小黄花菜
（***Hemerocallis minor*** Mill.）

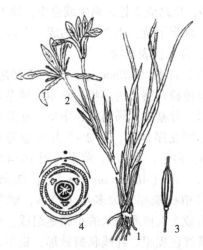

1. 根和叶；2. 花枝；3. 果实；4. 花图式
图 19-6 马蔺（***Iris lactea*** Pall.）

（2）射干［*Belamcanda chinensis*（L.）Redouté.］：取射干具花、果新鲜植株观察，为多年生草本。根状茎横走，断面鲜黄色。地上茎丛生。叶宽剑形，基部套折，2列互生。2~3歧分枝的伞房状聚伞花序顶生，花橙黄色，有红色斑点。蒴果，种子黑色。

（四）兰科 Orchidaceae

1. 形态特征

多年生草本或攀援藤本，陆生（地生）、附生或腐生。单叶互生，2列，稀对生或轮生，叶鞘常抱茎。花单生或排成总状、穗状或圆锥花序，顶生或腋生；花两性，稀单性，两侧对称；花被片6，2轮，外轮3萼片常花瓣状，中萼片有时凹陷，与花瓣靠合成盔；内轮3片，两侧为花瓣，中央1片特化为唇瓣；雄蕊和花柱、柱头完全愈合成合蕊柱，呈半圆柱状；雄蕊1或2，生于蕊柱两侧。花药2室，花粉粒黏成2~8个花粉块；3心皮合生复雌蕊，子房下位，1室，侧膜胎座。蒴果；种子极多，细小，无胚乳，通常具有膜质或呈翅状扩张的种皮，易于风媒传播。

2. 常见代表植物

（1）绶草 ［*Spiranthes sinensis*（Pers.）Ames］：陆生植物。叶 2~4 片，条状倒披针形。花小而密集，顶生，螺旋状排列；唇瓣矩圆形；子房下位，柱头 3 裂。蒴果。

（2）建兰 ［*Cymbidium ensifolium*（L.）Sw.］：陆生植物，有假鳞茎。叶 2~6 丛生，带形，外弯。花葶直立，通常短于叶，总状花序，苞片远比子房短；花浅黄绿色，清香；萼片狭披针形，花瓣较短，唇瓣不明显 3 裂，花粉块 2 个（图 19-7）。

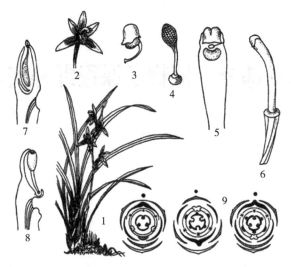

1. 植株；2. 花；3. 花药；4. 花粉块；5. 合蕊柱；6. 子房和合蕊柱；
7. 兰花的基盘部；8. 兰花的顶盘部；9. 花图式

图 19-7　建兰 ［*Cymbidium ensifolium*（L.）Sw.］

五、作业与思考题

（1）绘制小麦小穗和小花的形态结构图，并注明各部分名称。

（2）绘制葱、萱草花的形态结构图，并注明各部分名称。

（3）尽可能详尽地阐述你对以下形态术语的理解和认识：小穗两侧压扁，小穗背腹压扁，小穗脱节于颖之上，小穗脱节于颖之下，芒，第一外稃。

第三部分 植物学课程野外实习

一、课程实习目的

(1) 学习和掌握野外植物调查和相关信息收集的方法。

(2) 学习和掌握植物标本采集、制作的方法。

(3) 学习和掌握植物标本鉴定的基本方法。

(4) 掌握常见科、属、种的特征,识别本地常见植物。

(5) 了解常见资源植物种类及其经济意义,学会分析植物与环境的关系。

二、课程实习要求

1. 复习理论知识

在实习之前要求学生复习形态学术语和被子植物分类的内容,尤其新疆地区常见的科属特征和代表植物。野外实习时,从基础知识入手,根据根、茎、叶、生殖器官等的形态特征进行分类学的初步判断,必要时查阅相关检索表来识别植物。

2. 学习任务要求

要求每组学生采集并识别一定数量的植物;每个学生制作完成一定数量符合采集要求且信息记录完整的腊叶标本;能够正确鉴定 2~3 份标本。完成实习后,学生须撰写实习报告,要求全面总结实习,既包括专业知识和技能,也要有学生自己的体会和观点以及意见和建议,将实践学习内容和成果文字化。

3. 纪律要求

实习期间学生应服从实习指导老师的工作安排,遵守组织纪律和规定;远离河道和水库等地以避免发生意外事故;实习期间不得脱离班级,进行与实习无关的活动;班委负责作好考勤记录,并及时向实习指导老师报告本班当天出勤情况;不得在校园、科研基地等随意采摘观赏植物、作物或保护植物等做标本。

4. 安全教育

自始至终要注意人身安全问题。为了保证学生野外实习安全,必须向学生强调有关安全措施以及在行车、采集标本过程中的注意事项。要求学生必须注意自我防护,穿着适合野外活动的衣服和鞋帽、携带水及适量食物等,使自己的身体不受紫外线等的伤害并便于野外活动。

三、课程实习安排

课程实习应在教师指导下有计划地进行,让学生了解野外实习计划和具体日程。实习分为以下三个阶段:①野外调查、记录、采集、压制标本;②制作标本;把采集到的植物,结合描述,利用工具书鉴定出植物的学名;③撰写实习报告,对实习进行全面总结并提出意见和建议。课程实习分为室外实习和室内实习两部分，二者应交替进行或者分别集中时间段完成。

（一）制订野外实习计划

实习之前要制订实习计划，在实习中出现新情况时，可作适当调整和补充。实习还要考虑晴天、雨天因素，甚至白天和晚上也要适当安排，统筹规划。晴天应多安排野外活动，观察植物；雨天安排在室内整理标本、整理调查资料和图片、制作标本以及查阅植物检索表等。晚上则可个人复习、集体活动或娱乐活动。

（二）实习分组

要有组织地开展野外教学活动，将学生分组，每组人数控制在 4~6 人，最好男生女生搭配，每组安排 1 名小组长，并由实习指导教师带领完成实习任务。

（三）准备实习用具

1. 野外调查和标本采集工具

植物标本的采集包括记录、采集标本、照相等工作，因此需要携带相应的器具。实习前，要准备好所有相关器具，并安排相应的人负责管理。需要准备的器具如下。

（1）标本夹：用长约 45cm、宽约 35cm 的板条钉成两块夹板。

（2）吸水纸：易于吸水的草纸或旧报纸。

（3）采集袋（箱）：铁皮箱、塑料袋或塑料背包。

（4）小铁锹：用来挖掘草本植物的根。

（5）枝剪和高枝剪：枝剪用来采集植物枝条，高枝剪用来采集高大植物的枝条。

（6）手锯：采集木材标本时用锯，刀锯或弯锯携带比较方便。

（7）采集标签：采集标签使用较硬的纸，剪成 4cm×3cm 的大小，一端穿孔，以便穿线。在采集标本时，将采集的标本进行编号并填写采集标签，系在标本上。

（8）记录本：记录植物的采集地信息、植物基本特征等各项数据。

（9）放大镜：观察植物的形态特征。

（10）GPS：确定植物标本采集地的经纬度和海拔高度。

（11）方位盘：观测植物标本采集地的方向和坡向。

（12）钢卷尺和围尺：分别测量植物高度和胸径。

（13）照相机和望远镜：拍摄植株个体、生境等照片；望远镜用来观察高大木本植物的形态特征。

（14）小纸袋：保存标本上掉落的花、果、种子或叶片。

（15）铅笔、中性笔。

2. 标本鉴定工具书

对采集的植物标本进行鉴定，须准备工具书如《实习指导书》《新疆植物志》《新疆植物检索表》《新疆高等植物科属检索表》《中国植物科属检索表》《中国高等植物》《植物学》等，以便在野外实习和标本鉴定时使用。

3. 腊叶标本和贴花标本制作工具

（1）台纸：一般选用白色硬卡纸，用于承载标本。

（2）针、线、胶水等：用于缝制或粘贴标本，使其固定在台纸上。

（3）野外信息记录签：用于记录野外采集标本时的各种信息。

（4）定名签：用于标本鉴定后记录科名、学名等信息。

（5）硫酸纸：粘贴于台纸上，并覆于标本表面起保护作用。

实习内容一　野外观察和信息收集

一、目的与要求

(1) 学习和掌握野外植物调查和相关信息收集的方法。

(2) 通过野外调查，理解植物与环境的关系。

二、仪器与用具

全球卫星定位系统（GPS）、照相机、望远镜、方位盘、野外信息记录本、铅笔、中性笔和记录本等。

三、内容与方法

（一）采集地信息的收集

采集地信息收集主要是植物采集地点地理信息的收集。首先要明确采集地行政区域的各级名称，如"巴音郭楞蒙古自治州和静县克尔古提乡小红山""巴音郭楞蒙古自治州和硕县曲惠乡305省道23公里"，采集地点记录要准确、详细。其次，要用GPS对采集地点进行定位，记录经纬度和海拔高度。采集地信息也是将来鉴定标本时的一个重要信息，因为植物有一定分布区域和海拔。

（二）生境调查及信息收集

生境可反映某种植物的生长环境，包括生物环境和非生物环境，是从另一个角度反映与植物相关的信息。以下是生境信息调查的主要内容及方法。使用GPS、照相机、望远镜、方位盘等并结合目测的方法，调查坡度、坡向及地形地貌、生境类型、土壤类型、目标植物及其伴生种、影响因子等（表3-1）。

表3-1　植物生境调查信息

调查内容	生境信息	调查方法
生境类型	高山草甸、河漫滩、石质山坡、路边、农田边、弃耕地等	目测调查
伴生种	目标植物周围生长的植物	采样分析
影响因子	放牧、修路、耕作、采矿等	目测调查
土壤颜色	黑色、红色、黄色等	采样分析
土壤质地	沙土、壤土、沙壤土等	采样分析

（三）植物形态特征信息收集

植物形态特征的收集包括植物形态特征的文字信息记录和图像信息采集，是植物调查、采集工作中一项对专业知识要求高而又重要的工作。

1. 植物形态特征文字信息收集方法

野外调查采集植物标本时往往不能采集到植物的全部，且不少植物压制后与原来的颜色、形状有一定差别。如果对所采集标本的形态学特征没有详细、准确记录，日后记忆模糊，就无法对所采集的植物有全面了解，可能对植物鉴定工作带来一定的困难。因此，在采集植物标本之前详细记录所采集植物的根、茎、叶、花、果实和种子的形态特征非常重要。

获得全面、准确的植物形态特征信息取决于对植物详细准确的观察、依据植物分类学知识的判断及翔实、准确的记录。首先，需要熟悉和掌握大多数科属植物的主要形态特征；其次，需要仔细观察，包括对植物地上部分和地下部分的观察，观察时要充分发挥感官作用，看、摸、闻之后才能够准确而全面地描述并记录。以下是采集植物形态特征信息时进行观察与描述的主要内容和方法。

（1）观察茎的形态特征：根据植物茎的性质，确定植物是木本、草本或藤本植物，同时观察茎的生长习性，判断茎是直立茎、平卧茎、缠绕茎、攀援茎还是匍匐茎；再观察是否有变态及变态器官的发生部位、形状、颜色等。

（2）观察根的形态特征：对植物地下部分观察，判断根系是直根系还是须根系，观察根是否有变态及变态器官的发生部位、形状、颜色等。

（3）观察叶的形态特征：对叶的观察首先应判断叶的类型，即单叶还是复叶，如为复叶则要判断复叶的类型，再从叶序、叶形、叶尖、叶基、叶缘、叶裂形状、脉序等对叶进行描述，同时再观察叶是否具有变态等。

（4）观察花的形态特征：单生花可直接观察，花序则需要先判断花序类型。

一朵花的组成，由外向内逐层进行解剖观察。在解剖花时，要注意花各组成部分在花中的排列位置及相互关系。

①观察花萼，先看萼片是否联合，然后计数萼片的数目，再描述萼片的颜色、形状及附属物等。

②观察花冠，先看花瓣是否联合，然后计数花冠的数目，再描述花冠的颜色、形状及附属物等。

③观察雄蕊，先判断雄蕊数目，再看雄蕊类型、着生位置及附属物等。

④观察雌蕊，花的各部分结构中，花萼、花冠、雄蕊的结构特点通过形态观察即可基本掌握，而雌蕊的特点，特别是组成雌蕊的基本单位——心皮，其数目通过形态观察有时不能解决。判断雌蕊的心皮数目要先确定雌蕊的类型，再判断组成雌蕊的心皮数目。具体做法如下。

a. 确定雌蕊的类型

在一朵花中，依据雌蕊数目和组成每个雌蕊的心皮数目，将雌蕊分为单雌蕊、离生雌蕊和复雌蕊 3 种类型。

在具体观察一朵花时，如花中有两个或者两个以上的雌蕊（或可以观察到 2 个以上膨大的子房）时，该雌蕊类型为离生雌蕊；如花中只有一个雌蕊则要判别该雌蕊是单雌蕊还是复雌蕊。

如在一朵花中只有一个雌蕊，则观察花柱和柱头是否开裂，如开裂则该雌蕊为复雌蕊，如不开裂则要对子房横切进行进一步观察。

在雌蕊子房的横切面中，如子房被分成几个子房室，则该雌蕊属于复雌蕊；如仅为一个子房室，则通过观察子房室中胎座的情况来判断。

当胎座位于子房室中央，并有许多胚珠着生其上，则该雌蕊属于复雌蕊；当胎座位于子房壁上，如胎座数目大于等于两个，则该雌蕊为复雌蕊；如胎座数目仅为一个，则要对子房壁中的维管束数目进行进一步观察。

在雌蕊子房的横切面中，如在子房壁中可观察到的维管束数目大于两个，则为复雌蕊；如维管束数目等于两个，则该雌蕊为单雌蕊。

b. 判断雌蕊的心皮数目

在确定雌蕊类型的基础之上，进一步判别组成每个雌蕊的心皮数目。

当雌蕊属于单雌蕊和离生雌蕊时，则组成每个雌蕊的心皮数目均为一个。当雌蕊属于复雌蕊时，则首先观察花柱和柱头是否开裂及子房外侧是否有纵向的沟槽或棱线等。如花柱和柱头开裂或子房有沟槽或棱线等，则花柱和柱头的开裂数目或者子房外侧的沟槽或棱线等数目即为组成该雌蕊的心皮数目；如花柱和柱头不开裂，则要对该子房做一横切面，进一步观察子房数目。

在雌蕊子房的横切面中，如子房被分成几个子房室，则子房室的数目即为组成该雌蕊的心皮数目；如子房中仅有一个子房室，则要对该雌蕊的胎座位置进行进一步观察。

当胎座类型位于子房壁上或胎座数目大于等于两个时，则胎座数目即为组成该雌蕊的心皮数目；当胎座位于子房室中央或者子房壁上只有一个胎座时，则必须观察子房壁中维管束的数目，维管束数目除以 2，即为组成该雌蕊的心皮数目。依据一朵花中雌蕊数目和心皮的离、合生情况及数目，可将雌蕊和心皮的关系列为表 3-2。

表 3-2　雌蕊和心皮数目的关系

雌蕊类型	雌蕊数目	心皮数目
离生雌蕊	≥2	1
单雌蕊	1	1
复雌蕊	1	≥2

（5）观察果实和种子的形态特征：观察果实和种子的类型、大小、颜色、形状、质地、是否有特殊气味及附属物等。

2. 植物图像信息的收集方法

一个目标植物的图像信息应该能够全面反映目标植物的形态特征、生长状况、生长环境以及与其他伴生物种间的关系。因此，目标植物的图像信息应包括：大生境、小生境、植物单株、花（花序）和果实特写 5 个部分（图 3-1、表 3-3）。但在野外实际调查采集的过程，会因采集时期的不同而只遇到植物的花期或者果期，这样就只能拍到花或者果中的一张图片，采集时期选择得好，则可以同时采集到花、果图片。

A. 大生境；B. 小生境；C. 单株；D. 花

图 3-1　植物图片信息收集案例（裸果木 *Gymnocarpos przewalskii* Bunge ex Maxim.）

表 3-3　植物标本图像信息收集要求

图像信息	植物标本图像信息收集要求	采集信息数量
大生境 （目标植物生长的大环境）	包括地形地貌和目标植物在内	1 张
小生境 （目标植物生长的小环境）	能够清晰反映目标植物和其周围的主要伴生物种	1 张
植物单株	能够反映目标植物个体的整体形态特征，包括茎、叶、花和果实的形态特征及其相互间的空间分布关系	1 张
花	花、花序特写，凸显花、花序的形态特征等信息	2~3 张
果实	果实特写，展示果实的形状、颜色等信息	1 张

实习内容二　植物标本的采集和压制

一、目的与要求

（1）学习和掌握植物标本采集的基本要求和方法。

（2）掌握植物腊叶标本的制作和保存方法。

二、仪器及用具

标本夹、吸水纸、枝剪和高枝剪、小铁锹、手锯、采集袋（箱）、野外记录本、采集标签、野外记录签、钢卷尺、铅笔、中性笔和记录本、工具书等。

三、内容与方法

（一）植物标本采集的要求和方法

1. 采集合格的标本

要在生长正常、发育健全的植株上采集非残破、无虫害的枝条，标本采集必须具备花或果材料，或两者兼有才有鉴定的价值。因此，具备花或果的标本是一份较为完整、合格标本的必要条件。

2. 标本大小

采集到的标本以每份标本长不超过 40cm，宽不超过 25cm 为宜。株高 40cm 以下的草本整株采集，较矮小的草本则采集数株，以采集标本布满台纸为最大限。较高者需要折叠全株或选取代表性的上、中、下 3 段作同号一份标本。木本植物选有花和（或）果实的枝条，有多型叶时要收齐不同叶型的叶片。

3. 标本份数

每号标本应至少采集 2～3 份。下列情况应考虑采副份（3～5 份）标本：①当标本采集地为采集空白或薄弱地区时；②当采集的标本是用于交换时；③当多份标本才能表现物种的全部特征时。当遇到珍稀和重要经济植物时，适当减少采集标本份数。少采或不采重点保护和珍稀濒危植物。

4. 信息收集

①注意观察植物植株的形态特征和其生长环境并做翔实、准确的文字记录。②一份标本相对应的图像信息应至少有 4 张图像反映植物单株、花（花序）、果实、大生境、小生境以及某些特征的局部特写等。照片力求图像清晰，色彩还原准确，真实再现植物的形态特征及生长环境。③向当地居民咨询标本植物的俗

名，以及当地居民如何利用这些植物，是饲料、野菜还是药用，这些都应当有所记录。

(二) 植物标本的采集

植物界丰富多彩，各种不同植物要采取不同的采集方法，以保证所采集标本具有全面的形态特征信息，也有利于将来的鉴定工作。标本采集后要立即编号、拴挂标签、填写采集记录。

1. 木本植物的采集

木本植物一般是指乔木、灌木或木质藤本植物，采集时首先选择生长正常且无病虫害的植株作为采集对象，并在植株上选择有代表性的小枝作为标本。所采的标本要有叶、花和（或）果实，必要时可以采取一部分树皮。要用枝剪剪取标本。采集落叶的木本植物，必要时须分 3 个时期来采集才能得到完整标本，例如冬芽时期的标本、花期的标本、果期的标本。

有些植物是先开花后长叶，如榆叶梅、连翘等，那么应先采集花期标本，以后再采集果期带叶标本，就可得到完整的标本。没有花和果实的标本不能作为鉴别种类的依据，所以必须采叶、花和（或）果齐全的枝条，同时标本上最好带着 2 年生的枝条。因为当年生的枝条变化可能比较大，有时不容易鉴别。此外，有些植物雌雄异株，如杨树和柳树等，这种植物特别注意要采集雌株和雄株的标本。所采标本的大小，一般高 40cm 左右最适宜，这样符合台纸的长度和宽度，压干后制作标本也比较美观。

2. 草本植物的采集

高大的草本植物采集法一般与木本植物相同。除了采集它的叶、花、果各部分外，必要时要采集它的地下部分，如根茎、匍匐枝、块茎和根系等应尽量挖取，这有助于在记录时确定植物是一年生或多年生的，在以后的鉴定工作中也很重要。有许多草本植物的地下部分是其重要的分类特征，如龙胆科、车前科、百合科的一些植物，不采集地下部分可能会加大鉴定难度甚至无法鉴定。

3. 水生植物的采集

很多有花植物生活在水中，有些种类的叶柄和花柄是随着水的深度而增长，因此采集这些植物时，有地下茎的则应采取地下茎，这样才能显示出花柄和叶柄着生的位置。采集时必须注意有些水生植物全株都很柔软而脆弱，一提出水面，它的枝叶即彼此粘贴重叠，带回室内后常失去其原来的形态。因此，采集这类植物时，最好成束捞起，用草纸包好，放在采集箱里，带回室内立即将其放在水盆或水桶中，等到植物的枝叶恢复原来状态时，用一张旧报纸，放在浸水的标本下轻轻将标本提出水面后，立即放在干燥的草纸里好好压制。最初几天，最好每天换 3~4 次干纸，直至标本表面的水分被吸尽为止。

4. 特殊植物的采集

有些植株很高、叶很大、叶柄很长，采来的标本压制非常困难。因此，采集时只能采其叶、花、果、树皮、茎段等局部，但是必须把植物的高度，茎的直径，叶的长宽和裂片的数目，叶柄、叶鞘的长度、形态等全部记录下来，最好把它拍照并将照片附在标本上。此外有些寄生性的植物，如列当、菟丝子等都寄生在其他植物体上，采集这类植物时一定要将寄主被寄生的部分同时采集下来，并且把寄生的种类、形态及寄生的关系等记录上。

采集标本时采集记录签（见附录Ⅴ）填好后，必须立即将采集标签挂在植物标本上，同时检查野外记录签上的采集编号与采集标签上的采集编号是否保持一致，记录签描述的植物与所采的标本是否保持一致。

（三）植物标本采集后的压制

1. 采集标本的修整

采集到的新鲜植物标本，要在一定时间段内放在标本夹的吸水纸（草纸或报纸）中进行压制。压制标本时植物标本首先要经过修整才可以压制。

修整标本的目的是能保持植物在自然状态下的形态特征。疏枝、疏花、疏果是为了压制出好的标本，否则水分太多不易散失会使标本发生霉烂，但不能去除体现标本主要形态特征的器官，如皮刺就不能剔除，花序太密可以疏花，但是不能因疏花而完全丧失了原本的花序特征。除此之外，修整标本也要力求美观，使修整压制后的标本具有一定的观赏性。

修整标本的程序和方法如下。

（1）先要剪去植物上冗余的枝叶、花、果，并洗去根部的泥土等。

（2）较长的草本植物如禾本科植株，可以把它们折成"V""N""W"形，使其长度不超过约40cm，但也可以根据需要压制更大的标本。

（3）较粗的植物茎或根，可将其切出一个斜面或削去1/2，这样既能够保持原有的形态特征，又便于压制。

（4）植物有很多皮刺或茎刺等，则可剔除一侧的刺，而另一面保持原有状态，然后用木板放在植物上面用脚踩或用重物压，使标本成平面。

（5）肉质植物可以用针将其肉质器官上扎许多小孔，如在茎、叶上扎小孔以便于汁液尽快流出植物体。

（6）多汁的果实、大型块根、根茎、鳞茎等，一般用化学药品浸制。如需压制块根和块茎，可将其切去一半或切成几片较薄的横切片后，放在一张白纸上（由于肉质根、茎中常有汁液，易使标本与吸水纸黏在一起），压入夹中。亦可用沸水将块根、块茎或肉质茎、叶烫死后压制，否则不易压干。

2. 采集标本的压制和翻整

（1）压制

压制标本是制作一份合格标本的重要环节。在压制时，将修整好的标本平展在吸水纸上，一部分叶片腹面朝上，一部分叶片背面朝上，这样才能展示叶的背、腹两面的特征；花、果实应完全露出，不要被叶片盖住，必要时显示花的正面和反面；花序、果序应按其野外生长状态压制，如原来是下垂的，不可压成直立的；肉质植物和果实最好切开再压制；要不断调整植物标本根部或粗大部分的位置，以保持整夹标本的平整；整理过程发现采集号模糊、同一种植物采集标签丢失要及时补上采集标签。

每份标本整理好后都要盖上 2~3 层吸水纸，注意潮湿或肉质植物标本要多放几层吸水纸。放置第一个标本时，要多放几层吸水纸再放置标本，之后每个标本放 2~3 层吸水纸即可，这样边整理边压制，标本高度达到 40cm 左右就停止再放标本，最后一份标本也要多盖几张吸水纸，最后将标本夹系紧。注意尽量使标本与吸水纸压紧，不留空隙，以保证标本被压得平整，避免发生皱缩。捆扎好的标本夹，要放在阴凉、通风之处。

（2）换纸和翻整

压制好的标本，一般第 2 天换纸，但肉质植物或雨后采集标本则当天换纸。一般情况下，第一次换纸后每 2 天换一次纸，也可根据情况随时调整换纸频率，前提是保证植物标本不霉烂。换纸的方法有两种：一种是对于坚硬、不易落叶、不易变形的标本，可直接用手提起，置于干燥的吸水纸上；另一种是柔软而易变形或易于落叶、落花、落果的，则可将干燥的吸水纸放于该标本上，然后连同底层旧吸水纸一同翻转，翻转后，除去翻上来的旧吸水纸即可。

第一次换纸时，还要用手或镊子对标本进行修整，须将没有展平的叶片、花瓣等铺展，甚至对标本稠密叶片、枝条等做适当的再次修剪，然后换纸。这样连续更换吸水纸，大约 1 星期即可压干标本。在换吸水纸的过程中，若有叶、花、果实脱落，应及时将脱落部分装入纸袋，并记上采集编号，附于该份标本纸上而不是随意扔掉。压干的标本可暂存在吸水纸中，将来固定在台纸上。换下的湿纸应及时晒干备用，如遇阴天、雨天，可用火烤，以便循环使用。

实习内容三　植物标本的制作与保存

一、目的与要求

（1）了解植物标本的消毒方法。

（2）学习和掌握植物腊叶标本的制作方法。

二、仪器及用具

标本夹、枝剪、塑料袋、野外记录本、野外记录签和定名签、针、线、剪刀、胶水等。

三、内容与方法

植物腊叶标本是将带有叶、花和果实的植物枝条或全株，经过整理、压平、干燥、装贴而制成的一种植物标本。植物经采集、压制成干标本以后，再进一步固定在台纸上，就制成植物腊叶标本。在固定前，通常要对压制好的干标本进行消毒处理，因为植物上常有虫或虫卵，如不消毒，标本就会被虫子蛀食破坏。

（一）标本的消毒

腊叶标本常用的消毒方法有两种。一种是升汞浸除法。用粉末状或晶体状的升汞溶于95%的酒精中制成饱和溶液作原液，取1份原液与9份95%的酒精相混合，然后将混合液盛于瓷盘中，再将压干的标本从吸水纸中取出放入盘中浸一下即取出，最后置于标本夹的吸水纸中压干；当制作少量标本时，可用毛笔蘸升汞酒精液直接刷在标本的两面亦可，升汞有剧毒，用时须加注意。另一种是气熏法。即把标本放进消毒室或消毒箱内，将四氯化碳、二硫化碳混合液置于玻璃皿内，再放入消毒室或消毒箱内，利用药液挥发来熏杀标本上的虫子或虫卵，约3d后即可。

（二）标本上台纸

经过消毒并压干的标本即可上台纸。一般台纸采用质地坚硬的道林纸或白板纸，切成标准尺寸为30cm×42cm的长方形。上台纸的程序和注意事项如下。

1. 植物标本的摆放

按自然姿态放在台纸上，一般而言，较小的标本垂直摆放在台纸中央略向下的位置；稍大一些的植物标本则摆放在左下角到右上角的对角线上；"V""N""W"形的标本则尽可能避开左上角和右下角的位置；若标本大，也只能利用台纸左上角的位置而不能占右下角的位置。

2. 植物标本的固定

为了使标本能牢固地固定在台纸上，要在标本的主茎、侧枝、果实甚至是叶的主脉等处用棉线固定。一般标本比较细的部位，如草本植物的茎、叶柄、叶的主脉等常采用纸条粘贴固定。纸条常用描图纸或玻璃纸等，裁剪成宽约 0.4cm，长 5~6cm 的细条。粘贴前先用小刀在要固定植物器官部位的两侧划 2 条平行的纵或斜切口，然后将纸条跨过枝条的主茎或叶柄，用小镊子或刀片将纸条的两端穿入平行的切口中，在台纸背面把它们左右分开，再用胶水把纸条两端粘贴在台纸背面。

一般用针线将茎、根粗硬的标本及果实或花序等进行固定。在较粗的枝上选 2~3 个固定点用针线缝上，小枝及较大的叶片主脉或果实、花序上也应用线缝上。每缝订一处，均在台纸背面打结，并把线剪断，使之不与第二个固定点相连，这样可防止在台纸背面拉线，避免数张标本叠在一起时上面的标本刮坏下面的标本。

3. 贴标签和附拷贝纸

标本固定完毕后，在右下角贴上鉴定标签（定名签），在左上角贴上野外记录签，最后再附上一层拷贝纸，即将拷贝纸的一端固定在台纸的顶端，防止标本之间相互摩擦而破坏标本。

标本经鉴定，填写定名签后，可以分门别类地保存起来。如果标本的数量不多，可以收存在一般的柜子中，如果标本很多，则要设置标本柜存放或建立标本室保管。保存标本的柜内一定要放置樟脑和干燥剂，防虫、防潮、防霉变。存放标本的柜子，要放在通风干燥、阴凉的地方。

实习内容四　植物标本的鉴定

一、目的与要求

学习和掌握植物标本鉴定的基本方法。

二、仪器与用具

放大镜、体视显微镜、解剖针、镊子、植物志或植物检索表。

三、内容与方法

鉴定植物标本就是利用现有的资料（如植物志、检索表等）确定植物标本的学名。它是确定植物物种学名的一种手段。

（一）标本鉴定的步骤

1. 了解标本的全面信息

结合标本采集的野外记录信息与图片信息，了解植物的生长环境、生活习性和形态特征，重点了解花、果实的形态特征。

2. 选择合适的工具书和检索表

不同的检索工具书包含的植物检索范围不同，应根据鉴定目标所分布的区域选用相应的鉴定工具书。对在新疆范围内采集的植物标本，可以《新疆植物志》《新疆高等植物科属检索表》作为主要的鉴定工具书，同时可参考《沙漠植物志》《中国植物志》《中国高等植物》《中国高等植物图鉴》等来进行检索鉴定。

3. 植物标本的鉴定

鉴定植物标本要查阅各种工具书。无论哪种工具书，书中都编制了检索表。通过依次查对检索表来最终确定植物的学名。在利用植物志等鉴定工具书检索到最后可以查到植物种名，然后有相应文字来详细描述植物形态特征、开花时期、结果时期以及分布区域等，我们可以再次将观察到的形态特征与文字描述一一查对，判定最终结论。在检索过程中，一定要克服急躁情绪，细心观察和琢磨，按照检索步骤细致认真地进行。

4. 填写定名签（见附录Ⅴ）

当实物标本与工具书上的文字描述一致，即鉴定完成，就需要把鉴定结果（科名、种名、鉴定人及鉴定时间）写在定名签上，贴在标本的右下角。

（二）鉴定植物标本的注意事项

（1）为了保证鉴定结果的正确性，一定要防止先入为主、主观臆断和倒查等情况。

（2）鉴定到种以后，再仔细核对工具书上对植物的形态特征描述与植物标本的形态特征是否一致，同时核对工具书上记录的植物分布区域、生境及海拔等。

（3）鉴定结束后，还应找有关专著或相关资料进行核对，如查看图鉴，看鉴定结果是否正确。

植物学课程实习考核与总结

一、实践能力考核要求

（1）考核每个小组收集植物标本信息（记录信息和图像信息）的准确性和完整性。

（2）考核每个小组成员野外植物标本采集的动手能力。

（3）考核每个实习小组制作完成标本的数量和质量。

（4）考核每个学生鉴定标本的数量和质量。

（5）考核每个学生识别标本的能力。

二、实习总结要求

实习总结的目的在于让学生把在实习中发现的很多有趣自然现象，例如见到许多羽状复叶的植物分别隶属于不同的科，如何去识别它们；叶对生的植物、草本开花植物、某一大科的植物，如何抓住主要形态特征迅速鉴别；如何依据花的结构设想出唇形科植物花的进化途径；环境与植物的分布之间究竟能找到哪些规律；实习地有多少种植物可供药用和制作纤维、淀粉、芳香等用途；茎的缠绕性和日出、日落是否有关系等依次用文字表达的方式表示出来。一方面是让学生在感性和理性上的认识都得到进一步提高，同时提升学生深入思考和归纳总结能力以及学生学习的创新能力。

三、实习报告的撰写

（1）确定报告框架：实习报告的框架应包括课程实习的内容、组织安排、实习的效果和收获、实习过程存在的问题和不足以及课程实习改进方法。

（2）整理和思考：从实习一开始到最终结束，大家会对植物的认识有一个从量变到质变的过程，这就靠大家在实习中观察和思考。现在要上升一个高度，在进行标本整理过程中、在标本鉴定过程中又发现了什么，为什么会这样或那样等。一旦通过自己的努力，解答了这些疑问，将会长久受益。因此，学生应当注重室内整理和思考，并把这个过程写进实习报告，锻炼自我分析问题和解决问题的能力。

（3）心得体会：认真总结和如实撰写自己从实习过程中的收获，包括在感性和理性上的认识提高、最感兴趣的创新活动过程和实践能力的提高，以及剖析实习中存在的问题或失误。也为任课教师在下一轮实习中不断改进实践教学方法提供思路，使植物学课程教学实习成果最优化。

第四部分　创新性和设计性实验

>>

实验一 荒漠植物种子的萌发特性

一、实验目的与要求

(1) 掌握植物种子的生物学特性。
(2) 掌握种子萌发所需条件。

二、实验仪器与药品试剂

仪器：体视显微镜、电子天平、恒温烘箱、光照培养箱、紫外分光光度计、解剖针、白纸板等。

试剂：2,3,5－三苯基氯化四氮唑（TTC）、高锰酸钾、赤霉素、浓硫酸、NaOH、蒸馏水或超纯水等。

三、实验材料

各种野生荒漠植物种子，根据兴趣自行选择。

四、实验内容与方法

1. 种子生物学特性观测
(1) 种子外部形态观测
将纯净的种子置于白纸板上，用肉眼及体视显微镜观察其外部主要形态特征，进行描述并拍照。
(2) 千粒重测定
采用百粒法，从试验样品中随机数取 8 个重复，每个重复 100 或 300 粒种子，各重复用千分之一电子天平称量，取平均值，换算成千粒重。
(3) 含水量测定
含水量采用恒温烘箱法，将单位质量种子于 105℃烘至恒重，3 次重复。
计算公式：种子含水量（%）＝（烘前质量－烘后质量）/烘前质量×100
2. 生活力测定
采用 TTC 法，选取 150 粒种子，分成 3 个重复，每一重复 50 粒，用蒸馏水室温预先浸泡 24h，用滤纸吸去种子表面水分，再用解剖刀纵切胚和 2/3 胚乳，用浓度 0.5% 的 TTC 溶液浸泡种子，在 25～30℃的黑暗环境中保持 12h 后，用蒸馏水冲掉溶液。在解剖镜下逐个观察，种胚和胚乳完全着色的是有生活力的种子；种胚和胚乳完全不着色或着色面积不超过总面积 1/3 的是无生活力的种子。

3. 不同条件下种子萌发观测

（1）不同温度条件对种子萌发的影响

设置 3 个变温处理和 5 个恒温处理：变温处理分别为 5/15℃（夜温/昼温，下同）、15/25℃、25/35℃；恒温处理分别为 15℃、20℃、25℃、30℃、35℃。光周期统一设置为 16h 光照和 8h 黑暗。试验种子用 0.1%高锰酸钾溶液进行消毒处理后放入光照培养箱中培养，发芽试验以 50 粒种子为 1 次重复，共 3 次重复。每 24h 统计发芽（以胚根长到种子长度的 1/2 为统一标准）种子数，以发芽最好的一个处理为参考，当连续 3 天不再有种子萌发视为发芽结束。计算发芽率（germination percent，GR）、发芽势（germination energy，GE）、发芽指数（germination index，GI）和活力指数（vigor index，VI）。种子萌发完成后，从每个重复中随机抽取 15 株幼苗，统计主根长（S）。

发芽率（GR,%）= 发芽总数/供试种子数×100

发芽势（GE,%）= 发芽高峰时发芽种子数/供试种子数×100

发芽指数（GI）= $\sum$（G_t/D_t），D_t——发芽日数，G_t——与 D_t 相对应的每天发芽种子数。

活力指数（VI）= S×GI，GI——发芽指数，S——平均根长（mm）

（2）不同光照条件对种子萌发的影响

设置 3 个处理，分别为：24h 全光照、12h 光/12h 暗交替和 24h 全黑暗。发芽实验方法同（1）。

（3）浸种处理对种子萌发的影响

采用二因素随机区组设计（见表 4-1）。浸种温度为 A 因素，分别为 25℃（A1）、35℃（A2）、45℃（A3），浸种时间为 B 因素，设置的浸种时间分别为 1h（B1）、8h（B2）、12h（B3）和 24h（B4）记录发芽率、发芽指数和发芽势。

表 4-1 种子浸种处理实验方案

温度 \ 时间	1h（B1）	8h（B2）	12h（B3）	24h（B4）
25℃（A1）	A1B1	A1B2	A1B3	A1B4
35℃（A2）	A2B1	A2B2	A2B3	A2B4
45℃（A3）	A3B1	A3B2	A3B3	A3B4

（4）赤霉素处理对种子萌发的影响

用浓度分别为 0mg/L、50mg/L、100mg/L、150mg/L、200mg/L 的赤霉素 GA 溶液，在 25℃的恒温培养箱中浸种 24h 后进行试验，发芽实验方法同（3）。

（5）浓硫酸处理对种子萌发的影响

用浓度为 98%的硫酸分别浸泡种子 0s、10s、20s、40s、60s，处理后用蒸馏水反复冲洗至 pH 值为 7.0 左右。发芽试验方法同（3）。

（6）NaOH 处理对种子萌发的影响

采用二因素随机区组设计（表 4-2）。NaOH 浓度为 A 因素，分别为 10%、15%、25%、35%，用 A1、A2、A3、A4 表示，NaOH 溶液浸种时间为 B 因素，分别为 10min、20min、30min、40min，共 16 个处理，每个处理 50 粒种子，3 次重复。

表 4-2 NaOH 处理实验设计

浓度 \ 时间	10min（B1）	20min（B2）	30min（B3）	40min（B4）
10%（A1）	A1B1	A1B2	A1B3	A1B4
15%（A2）	A2B1	A2B2	A2B3	A2B4
25%（A3）	A3B1	A3B2	A3B3	A3B4
35%（A4）	A4B1	A4B2	A4B3	A4B4

4. 数据处理

采用 Excel 和 SPSS 软件对实验数据进行统计分析。

五、作业与课后思考

（1）以小组为单位，自选 1 种荒漠植物种子，从以上实验内容中，任选 2~3 项进行实验和研究，并以论文格式撰写一篇研究报告，用 PPT 进行分享和汇报。

（2）种子萌发需要哪些条件？

（3）不同前处理方法对种子萌发的影响。

实验二　种子萌发对逆境胁迫的响应

一、实验目的与要求

（1）了解种子萌发对逆境胁迫的响应。

（2）掌握发芽率、发芽势、发芽指数和活力指数计算方法。

（3）掌握数据统计软件 SPSS 使用方法。

二、实验仪器与药品试剂

仪器：恒温气候箱、高温灭菌的培养皿、三角瓶、镊子、烧杯、定性滤纸等。

试剂：NaCl、NaNO₃、聚乙二醇（PEG-6000）、蒸馏水或超纯水、双氧水或次氯酸钠、高锰酸钾等。

三、实验材料

各种荒漠区野生植物种子，学生根据兴趣自选。

四、实验内容与方法

1. 建立种子萌发的最适温光条件

用少量实验种子，适当的预处理后，设置不同的温度、光照条件，满足种子萌发率90%以上，建立最佳萌发条件是种子胁迫萌发的前提条件。若要进行干湿生物量测定，则需要在鼓风干燥箱中进行烘干，寻求最佳烘干时间，防止烘干过度。

2. 逆境胁迫对种子萌发的影响

（1）盐胁迫：设置 NaCl、NaNO₃ 等不同种盐的浓度梯度，一般范围为50mmol/L、100mmol/L、150mmol/L、200mmol/L、250mmol/L、300mmol/L、400mmol/L甚至更高的浓度，无盐（即水培）萌发为对照组（0mmol/L）。通过对种子进行萌发试验，详细记录种子在不同 NaCl 处理下的发芽数，萌发完成后进行数据统计分析。由于不同植物种子萌发期的耐盐性不同，可以根据供试种子采集地的土壤盐分特征适当降低或升高浓度范围和梯度差，学生可自行进行设计或进行预实验，一般要找到萌发率50%和0%的浓度值。

（2）干旱胁迫：通常用聚乙二醇（PEG-6000）模拟对种子萌发的干旱胁

迫。一般设置 0%、5%、10%、15%、20% 共 5 个不同的浓度梯度。由于不同植物种子萌发期的耐旱程度不同，可以根据供试种子采集地的土壤干旱特征适当降低或升高浓度范围和梯度差，学生可自行进行设计或进行预实验，一般要找到萌发率 50% 和 0% 的浓度值。

（3）低温胁迫：对种子进行低温处理（24h 最低/最高温度），探讨高山或低寒生境植物环境适应性。一般设置 7℃/12℃、5℃/10℃ 和 3℃/8℃，对照 18℃/25℃。学生可以根据需要自行调整。

各种胁迫梯度确定好后，即可进行逆境胁迫发芽试验，并进行数据记录和统计。将健康饱满的种子分成若干组，根据种子大小每皿放 20~50 粒种子，不同浓度的胁迫溶液在建立好的萌发条件下进行萌发实验。注意每个处理需要 3 次重复，每日观察并记录种子萌发数，发现发霉的种子及时消毒，同时也要丢弃死亡的种子。种子萌发完成后，选一定数量的幼苗进行胚根、胚芽、苗长等进行测量；及时称量幼苗鲜重，在鼓风干燥箱内干燥并称干重。

3. 数据统计与分析

用 Excel、SPSS 等统计软件进行数据的处理和绘图。

五、课后作业与思考

（1）采用不同统计软件对统计数据进行分析，了解不同软件的功能。

（2）建立萌发率、萌发进程、发芽指数等表格并绘制其图表。

（3）各种不同的胁迫浓度一般设置几个梯度，为什么？

（4）以小组为单位，任选一种植物的种子进行某一因素的胁迫实验，并撰写报告。

实验三　荒漠植物营养器官解剖结构的比较

一、实验目的与要求

（1）掌握荒漠植物根、茎、叶的解剖结构、变态和特殊结构的特征。

（2）理解植物器官形态结构特征对环境的适应。

二、实验仪器与药品试剂

光学显微镜、高温灭菌培养皿、载玻片、盖玻片、双面刀片、解剖刀、镊子、染色液、蒸馏水等。

三、实验材料

采集附近荒漠生境下的野生植物的根、茎和叶，学生可根据兴趣和需要自行选择。

四、实验内容与方法

1. 徒手切片或石蜡切片的制作

选择合适的实验材料后，根据材料性质制作临时徒手切片或石蜡切片，具体方法见附录Ⅲ，装片制好后用显微镜观察。

2. 观察根的解剖结构

（1）取根尖纵切面，在显微镜下依次观察根冠、分生区、伸长区和根毛区（成熟区）。

（2）取植物根毛区的横切面制片，在显微镜下观察根的初生结构。

（3）取双子叶植物老根横切面制片，在显微镜下观察根的次生结构。

3. 观察茎的解剖结构

（1）取植物幼茎或者植物茎尖成熟区的横切片，在显微镜下观察其初生结构。

（2）取双子叶植物成熟茎的次生结构横切面装片，在显微镜下观察植物次生结构。

4. 观察叶的解剖结构

（1）取植物叶片横切面，观察植物表皮、叶脉和叶肉，以及气孔和表皮附属物。

（2）用镊子撕取植物叶的表皮，制成临时装片放在显微镜下进行观察。

五、课后作业与思考

（1）以小组为单位，从以下内容中 2 选 1，完成实验内容，并提交研究报告。

①选择 1 种荒漠植物的根、茎、叶为对象，根据实际情况制作临时装片或石蜡永久切片，系统研究同种荒漠植物不同器官的解剖结构，并对比区别和联系。

②选择多种植物的同一器官为研究对象，根据实际情况制作临时装片或石蜡永久切片，对不同荒漠植物同一器官的解剖结构进行对比研究和分析。

（2）植物根、茎、叶的功能是什么？植物如何通过器官结构的差异适应不同的环境。

实验四　叶表皮的微形态特征

一、实验目的与要求

（1）了解腊叶标本叶片制作装片方法。

（2）掌握叶表皮微形态结构特征。

（3）掌握 Image J 软件使用方法。

二、实验原理

植物叶表皮微形态具有多样性，不同植物叶表皮的细胞形状和大小、表面纹饰、叶表皮附属物及有无气孔等都具有差异性。植物叶表皮微形态特征不仅受环境影响，同时也是物种遗传特征的一个重要反映，具有一定的稳定性，对于植物属及属下种类的划分和亲缘关系的确定具有一定的分类学意义，可为属种间的分类及关系提供新的证据。

气孔类型多样，植物保卫细胞的周围围绕着副卫细胞，以副卫细胞的数目和排列方式为分类依据，气孔可分为以下 6 个类型。

（1）极细胞型：保卫细胞的很多部分被 1 个"U"形副卫细胞所包围，只有一极被单个的表皮细胞所包围（图 4-1-A）。

（2）共环极细胞型：在保卫细胞外面包有 1 个新月形的副卫细胞，在此副卫细胞外面还包围有 1 个副卫细胞，2 个副卫细胞的垂周壁连接在一起，朝向远轴端（图 4-1-B）。

（3）腋细胞型：1 个副卫细胞几乎将 2 个保卫细胞包围，保卫细胞的一极被 2 个表皮细胞所包围，这 2 个表皮细胞的公共垂周壁由极向外伸，与保卫细胞的长轴平行（图 4-1-C）。

（4）聚腋下细胞型：1 个副卫细胞几乎将 2 个保卫细胞包围，这个副卫细胞又被另 1 个新月形细胞包围，保卫细胞的 1 个极被 2 个表皮细胞包围，它们的共同垂周壁由极往外伸，与保卫细胞的长轴平行（图 4-1-D）。

（5）无规则四细胞型：4 个副卫细胞不规则地以各种方式包围保卫细胞（图 4-1-E）。

（6）横列型：2 个副卫细胞以环状包围保卫细胞（图 4-1-F）。

气孔器密度（SD）：$SD = N/A$。其中，N 为单位视野测量的叶片气孔器数量，A 为单位视野测量的面积。

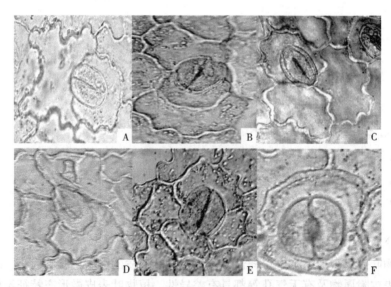

A. 极细胞型；B. 共环极细胞型；C. 腋细胞型；D. 聚腋下细胞型；E. 无规则四细胞型；F. 横列型

图 4-1   以副卫细胞的数目和排列方式为分类依据划分的气孔类型

（杨洋、马三梅、王永飞，2011）

离析法是用一些化学药品配成离析液，使细胞的胞间层溶解，因而细胞彼此分离，以便观察不同组织的细胞形态和特征。采用 30% 冰醋酸离析法，观察叶表皮的微形态特征。

三、实验仪器与药品试剂

仪器：光学显微镜、电热恒温水浴锅、镊子、解剖刀、烧杯、毛笔、导电胶、样品台、扫描电子显微镜等。

试剂：蒸馏水、冰醋酸、30% 过氧化氢、1% 番红酒精、中性树胶等。

四、实验材料

各种野生植物新鲜叶片（或腊叶标本叶片，或用固定液提前固定好的叶片）。

五、实验内容与方法

光学显微镜观察植物叶片

（1）每种植物随机选取成熟叶片 3 枚，用刀片避开叶片中脉及较大侧脉切取约 5mm×5mm 的两小块（若为腊叶标本叶片，则需要放入带有蒸馏水的 10mL 烧杯中加热煮沸约 40min 至软化）。

（2）取出叶片放入冰醋酸与30%过氧化氢的等比混合液中，置于60℃恒温水浴锅中加热，根据叶片的不同质地，加热30~60min。

（3）待叶片完全变为白色，表皮开始分离时，将离析后的材料取出并移入盛有蒸馏水的容器中。

（4）用镊子撕取上下表皮，置于1%番红酒精（50%）溶液中染色25min。

（5）随后放入蒸馏水中漂洗约1h，最后用中性树胶进行封片，放于室内自然晾干。

（6）在光学显微镜下观察，随机选取5个视野，观察表皮细胞和气孔形态并拍照。

（7）采用ImageJ软件测量表皮细胞面积、气孔器长度、气孔器宽度、气孔密度（stoma density，SD）等。并将测量结果录入Excel表格中，计算平均值和标准差。

六、课后作业与思考

（1）以小组为单位，任选某科或某属的植物3种以上作为研究对象，对比研究这些植物在表皮微形态上的区别，包括表皮细胞、气孔类型和表皮附属物等的区别，形成研究报告并分享汇报。

（2）植物叶片上气孔的作用是什么？

（3）绘制植物叶表皮微型态结构图。

实验五　植物花的发生发育

一、实验目的与要求

（1）掌握石蜡切片技术。
（2）掌握花器官的发育过程及形态结构特征。

二、实验仪器与药品试剂

仪器：恒温箱、石蜡、切片机、烘片机、标签纸、显微镜等。
试剂：FAA 固定液、蒸馏水、酒精、二甲苯、乙醇、透明剂、染色剂、树胶等。

三、实验材料

校园常见植物不同发育时期的花芽。

四、实验内容与方法

1. 花芽形态观察与测量

取某种常见植物不同发育时期的花芽（春季、秋季、冬季），用镊子和解剖针将花芽剥开，分离出花萼、花瓣、雄蕊和雌蕊等，用体视镜或相机（旁边放上标尺）拍照后，观察花芽形态特点，并用软件测量各时期花芽及各组成部分的纵径、横径、周长等，计算纵径/横径比。

2. 石蜡切片观察花芽结构

拍照后的花芽迅速投入盛有 FAA 固定液的小玻璃瓶，抽气固定后常温保存。24h 后用石蜡切片技术（附录Ⅲ）制作不同发育时期的花芽石蜡切片。在显微镜下观察不同时期花芽的形态特征并拍照，注意观察花器官发育的顺序，记录花部各器官数量并测量长度。

五、课后作业与思考

（1）以小组为单位，任选一种植物不同发育时期的花芽为研究对象，通过对花芽形态和结构的观察与测量，建立花发育过程中花芽形态与结构的定性（文字描述）和定量（数据反映）关系。
（2）植物花器官的各个发育阶段是什么？
（3）绘制 2~3 个不同发育阶段的花器官形态特征图。

实验六 本地常见植物的形态多样性调查

一、实验目的与要求

（1）了解本地常见植物的形态特征及其多样性。
（2）理解不同植物形态特征的适应意义。

二、实验仪器

手持式放大镜、测高仪、镊子、卷尺、数显游标卡尺、直尺、记录本、相机等。

三、实验材料

各种本地常见野生植物。

四、实验内容与方法

1. 植物生活型的观察

植物的生活型是指植物长期适应综合环境条件形成的外貌类型。观察植物，区分乔木、灌木、亚灌木、草本和藤本植物并记录。木本植物注意常绿与落叶之分；草本植物则要根据生活周期长短区分1年生、2年生或多年生；藤本植物也应区分木质藤本或草质藤本。同时，根据需要用测高仪或卷尺测量并记录植株高度。

2. 植物营养器官形态的观察

（1）根和根系

观察植物的根系（多针对草本植物），判断是直根系还是须根系并记录。判断中应注意有些植物生长于地下的部分并不一定就是植物的根，而可能是变态的茎。

（2）茎的分枝

观察木本植物的枝条，判断植物的分枝方式并记录。

（3）叶的类型和叶序

观察各种植物的叶，判断哪些植物的叶具托叶，哪些无托叶（注意有些植物托叶早落，要仔细观察叶柄基部有托叶脱落留下的痕迹）；判断叶的类型是单叶或复叶，若为复叶，是三出复叶、掌状复叶，还是羽状复叶（奇数羽状复叶或偶数羽状复叶）；判断叶序，并作好记录。

3. 植物繁殖器官形态的观察

（1）花和花序

取植物的花或花序，按以下顺序依次观察。

① 观察植物花整体排列情况，判断花单生还是呈花序，若为花序则须进一步判断花序类型，并观察花或花序的着生位置。

② 观察一朵花，统计花的组成情况，是否都有花梗、花托、花萼、花冠、雄蕊群和雌蕊群6部分。

③ 观察最外轮花萼的离合和萼片数量，是否有副萼。

④ 观察花冠的离合、对称方式和花瓣数量。

⑤ 观察花中雄蕊的数量、离合和长短，也可进一步看花药着生和开裂方式。

⑥ 观察雌蕊数量，判断雌蕊类型。

⑦ 将花纵剖，观察子房是否与花托或萼筒愈合，判断子房位置。

⑧ 将子房横切，通过胚珠着生特点判断心皮数和胎座类型。

（2）果实

观赏植物的果实，先根据发育来源判断基本类型是真果还是假果，单果、聚合果还是聚花果。然后再按下列顺序逐一判断果实具体类型。

（3）种子

观察植物的种子，记录种子的大小、形状、颜色和花纹、质地、附属物等特征。

4. 植物形态变异的观察

植物界种类繁多，形态各异。每一种植物的各个形态性状也都会有不同程度的变异。观察各种植物，注意植物与植物之间以及同种植物种内的形态变异，把握以下几点。

（1）变异在植物界中普遍存在，变是绝对的，不变是相对的，要注意哪些性状是高度可变的，哪些性状是相对稳定的，注意考察变异的幅度。

（2）植物个体与个体之间、类群与类群之间在形态上既有相同或相似之处，又有差异。要注意哪些特征是个性，哪些特征是共性。

（3）对某种植物而言，都有区别于其他植物的特征，但有些特征是本质特征，另一些则是非本质的。要注意考察那些本质特征。

五、课后作业与思考

（1）以小组为单位，任选校园某个区域或某个科（某个属）或某一生活型的植物，进行植物形态多样性的调查和统计，绘制各种器官形态调查表格，并最终形成调查报告。

（2）常绿柏树会落叶吗？它们在冬季为何还有绿叶？

（3）乔木是否一定比灌木高大？灌木长大后是否会变为乔木？

（4）植物的地下部分，如何知道它是根还是茎？

（5）对于吸收水分和矿物质的功能而言，直根系与须根系各有何优势？

（6）如果某种植物小枝上的单叶排列于一平面上，如何将其与羽状复叶区分开来？

（7）叶在空间分配上有何规律？叶的镶嵌排列有什么意义？

实验七 植物开花物候的调查

一、实验目的与要求

（1）学习植物物候的观测和记录方法。

（2）了解本地区常见植物的花期和生长环境。

（3）观察植物开花的物候情况及其与天气变化的关系。

二、实验原理

掌握植物物候变化规律在农时预报、园林建设、生态环境监测与保护、气候变化趋势预测等方面具有重要的理论和现实意义。开花是植物物候现象中最容易观测到的，也是植物繁殖过程中不可缺少的一部分，它通过作用于传粉、种子扩散以及种子萌发和幼苗定居而影响植物个体的适合度，是对环境中各种因子综合作用的反映。不同植物之间的开花物候存在差异，甚至同种植物不同个体之间的开花物候也有所不同。

植物开花过程可分为花序或花蕾出现期、初始开花期、开花盛期、开花末期、持续开花期等，相对于其他物候现象初始开花期最易观察，也是最重要的一个物候期。

三、实验仪器

温度计、照度计、直尺、数显游标卡尺、记录本、相机等。

四、实验材料

各种本地常见开花野生或栽培植物，每组可选择某一生活型或某一科的植物种类进行调查和统计。

五、实验内容与方法

（1）每组选择同一生活型或同一科的植物 3~4 种，每种植物设置 3 个观测位点，每个观测点观测 3 株以上同种植物，并用标签纸标号。

（2）通过咨询或查阅资料了解每种植物的大致开花期，在开花期每天对标记植物观察一次，详细记录每株植物的开花状况。开花物候包括初始开花时间（单株开花数达植物个体花苞数 25% 以上的开花日期确认为初始开花时间）、盛花期（单株开花数达植物个体花苞数 50% 以上的日期）、败花时间（单株开花数小于总开花数的 10% 确定为败花时间）和开花持续时间 3 个指标。

（3）在观测开花物候的同时，记录每个观测点的湿度、温度和日照。

六、课后作业与思考

（1）以小组为单位，完成 3~4 种植物开花物候和气象因子的调查，并形成调查报告。

（2）绘制温湿度随时间变化折线图。

（3）比较不同物种之间和同物种个体之间开花物候的差异。

（4）影响植物开花物候的气象因素有哪些？

第五部分　虚拟仿真实验

虚拟仿真实验平台是随着信息技术发展而建立起来的现代教育技术平台，虚拟仿真实验技术是基于电子计算机、互联网及人工智能等相互融合的实验、实习平台。利用虚拟仿真实验技术进行教学，不受时间和空间的影响，而且具有趣味性和直观化的特点，可以帮助突破时空限制，开展自主移动学习，显著提高实践创新能力。

实验空间是开放的网络共享平台，可以保证实验教学不受时间地点的限制，只要有电脑和网络就可以完成实验。实验平台中的每一门植物学虚拟仿真实验课都具有良好的交互性，可以让学生感受到课堂动手实验的效果，从而很好地掌握实验原理、实验方法及实验内容。塔里木大学地处荒漠半荒漠地区，植被稀少，利用实验空间植物学野外实习课程，可以很大程度拓宽视野，识别更多的植物，掌握不同生态环境下植物的特征，进一步理解植物与环境之间的相互关系，为未来工作和学习打下坚实的基础。

实验空间的注册和使用

打开浏览器，进入实验空间（http：//www.ilab-x.com/），点击页面右上角的"注册"按钮进行注册（图5-1），注册完成后，使用账户密码或手机验证码就可以登录使用了。

图5-1 实验空间首页注册和登录界面

实验空间中植物学虚拟仿真实验课程案例及使用见以下实验。

实验一　被子植物营养器官建成虚拟仿真实验

一、实验简介

《被子植物营养器官建成虚拟仿真实验》是扬州大学生物科学与技术国家级虚拟仿真实验教学中心自主设计开发的沉浸式虚拟仿真实验教学项目，于 2019 年在实验空间平台上线。该实验采用 Unity3D 工具开发，构建了 3D 虚拟仿真棉株、3D 石蜡制作技术和数字切片系统，通过虚实结合的教学模式，将植物的组织器官采用立体的空间位置关系进行展现，从而使外部形态特征和内部结构、器官组织的发育过程等很好地呈现出来。通过学习，学生可以有效掌握被子植物营养器官不同发育阶段的细胞组织结构和空间分布特征、植物结构与机能、局部与整体协同的变化过程，也能深入了解石蜡制片的规范化操作流程，避免了制作石蜡切片过程中化学药品对人体的伤害，解决了实验过程耗时长、易出现失误等缺点。

二、实验操作步骤

进入实验空间并用个人注册的账号和密码登录后，在浏览器地址栏输入以下网址：https：//www.ilab-x.com/details/page？id=5396&isView=true，进入以下界面（图 5-2）。

图 5-2

点击"我要做实验"后，通过弹出的链接进入实验主页（图 5-3）。在该页面有实验简介、数字切片、3D 实验、教学视频、学习交流、在线考试等，可以根据需要进行学习和使用。在实验主页面下拉，会看到不同设备安装程序图标（图 5-4），可以根据自己的设备选择不同程序下载安装。

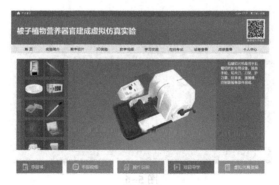

图 5-3

图 5-4

下载并安装完成后打开程序即可进入实验登录界面（图5-5）。可以通过在实验空间注册的账号和密码登录完成实验。

图 5-5

该实验项目包含实验目的、器具与材料、观摩制片、虚拟制片、自主制片、器官复位、功能演示、透视结构、虚拟考核、在线交流 10 个功能模块（图5-6）。

在"观摩制片"模块中，学生可以通过对不同植物制片方法的"实验操作流程"3D 模型拷屏的观摩，来了解植物制片技术的"规范化"操作流程。

在"虚拟制片"模块中，学生可以按提示步骤，通过对不同植物制片方法的"实验操作流程"3D 模型的分步操作练习，来熟悉植物制片技术的"规范化"操作流程。

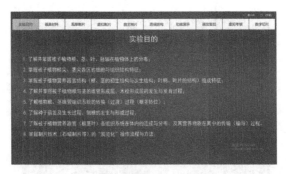

图 5-6

在"自主制片"模块中，学生可以在无提示的情况下，按步骤对不同植物制片方法的"实验操作流程"3D 模型进行分步操作练习，来掌握植物制片技术的"规范化"操作流程。

在"透视结构"模块中，学生可以通过点击右侧菜单目录，调出被子植物（棉花）营养器官对应的形态与器官系统 3D 模型，再对各自模型进行 360°旋转、缩放等操作，实现对被子植物营养器官的外部形态与内部结构组成特征的掌握。

在"器官复位"模块中，学生可以通过调用"棉花"根茎叶各器官的细胞组织结构 3D 模型，并将其放置到"仿真棉"营养器官的适当位置，再现棉花营养器官各系统在"棉株体内"的空间位置，来加深学生对被子植物"维管组织"系统和"表皮、皮层、中柱"系统在根茎叶中的空间分布及相互位置关系上的理解与把握。

在"功能演示"模块中，学生通过对 3D 动画的观摩，可以形象地了解种子萌发生长、根茎维管组织的连接变化、根茎初生结构向次生结构的转化、营养物质在体内的转运等系统结构变化与生理功能的实现过程，加深学生对被子植物器官建成动态变化、结构与功能协同作用的理解。

在"虚拟考核"模块中，学生可以通过操作 3D 模型或填空形式，完成对"制片技术的规范化操作流程，植物（棉花）各器官系统在空间的分布、从形态与位置上对各器官组织结构进行识别"的掌握情况进行考核。

三、作业和思考题

（1）请根据以上各模块的介绍依次完成各模块的实验操作，并完成虚拟考核。

（2）本实验中，酒精、二甲苯和石蜡的作用分别是什么？

（3）请说说该虚拟仿真实验的优缺点。通过本次虚拟仿真实验的操作，你有什么收获和感想？

实验二　被子植物双受精

一、实验简介

双受精是被子植物有性生殖的基本特征，是种子发育的起始，这一基本的生命过程是细胞生物学和植物生物学的重要内容，理解双受精的过程和分子机制对于掌握植物的生命活动规律具有十分重要的意义。《被子植物双受精》虚拟仿真实验是北京大学苏都莫日根团队研发的实验项目，于 2018 年在实验空间上线。该实验以探究问题为导向，通过三维重构、虚拟动画、模拟实验等方法，引导学生认识植物双受精过程各阶段的细胞动态，并理解其分子机制，培养学生科研素养和创新能力。实验突破了由于实验时间长、所需设备昂贵，难以进行实验教学的限制。

二、实验操作步骤

进入实验空间并用个人注册的账号和密码登录后，在浏览器地址栏输入以下网址：https：//www.ilab-x.com/details/page？id＝2693&isView＝true，进入以下界面（图 5-7）。

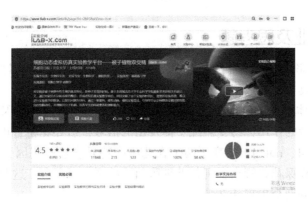

图 5-7

点击"我要做实验"后，通过弹出的链接即可直接进入实验首页（图 5-8）。

通过右下角的按钮即可进入实验操作界面（图 5-9），该页面包括实验目的、实验原理、开始实验、实验报告、在线交流等。认真阅读实验目的和实验原理后，通过"开始实验"进行虚拟仿真实验的操作。

图 5-8

图 5-9

三、作业及思考题

（1）认真完成本实验后，下载并撰写实验报告，包括实验目的、实验原理、实验仪器和用具、实验过程、实验结果与讨论。

（2）突变体 lip1、lip2：突变了两个在花粉中特异表达的基因，编码的蛋白质起到类似导游的作用，感受雌配子体发出的信号，引导花粉管正常生长进入珠孔。突变体 ralf4、ralf19：突变了两个在花粉中特异表达的基因，编码的两个蛋白质共同作用确保花粉管在未到达助细胞前不破裂。请思考：这两种突变体的花粉用于本实验分别会出现什么情况？

（3）本实验中涉及的去雄、配制培养基和切割柱头，应分别在什么时间进行？授粉后的柱头培养条件和时长？

实验三　植物分类与野外实习

一、实验简介

植物分类学结合植物学野外实习的虚拟仿真实验项目较多，例如"厦门大学的漳江口红树林植物学实习虚拟仿真项目""西北农林科技大学的秦岭火地塘植物学综合仿真实训""长治学院的太行山植物学实习虚拟仿真教学软件""江西师范大学的植物分类学虚拟仿真实践教学项目"等植物分类学和野外实习项目，在这一部分可以几个项目同时运用，对不同生态环境的植物有一个全面的了解。下面就以厦门大学的漳江口红树林植物学实习虚拟仿真实验项目（https：//hsl.11dom.com/）为例来介绍一下。

从实验空间搜索"漳江口红树林植物学实习虚拟仿真项目"链接进入主页面（图5-10），可以自主学习项目简介、实验目的、实验原理、实验规则等内容。点击"进入学习"按钮就可以进入学习界面。

对于理论知识掌握不够好的同学可以先学习教学内容，这部分内容共

图5-10

分为3个模块即"植物生态与环境、植物分类与形态、植物生理与发育"（图5-11）。在"植物分类与形态"模块对植物分类部分的理论知识进行了详细的讲解（图5-12）。

图5-11

图5-12

基本的理论知识掌握好了就可以进入自主学习。该部分素材均取自于漳江口红树林，以720°全景和3D模型实景再现，让人有身临其境的感觉。自主学习模

式侧重点在于能力培养。所学知识点随机出现在实习线路 A、B、C 中（图 5-13），需认真观察、仔细寻找知识点，系统里面共设置了 106 个知识点（图 5-14），采集到的知识点在"知识背包"中呈点亮状态，知识点收集达到 90%，就可进入"训练测试"环节。"训练"可反复多次，取最高成绩进行排名，"测试"只有 1 次机会，达到 60 分为通过，否则重新学习。

图 5-13

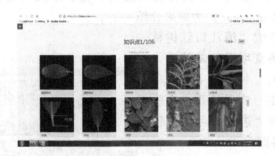

图 5-14

二、作业及思考题

（1）从文中提到的几个野外实习虚拟仿真项目中任选一个，完成训练和测试。

（2）谈谈你完成本实验的感受和收获。

附　录

附录 I　植物学绘图方法

一、绘图工具

（1）绘图纸：专用实验报告纸或 16 开道林纸或复印纸。

（2）铅笔：选择硬度适中的铅笔，通常用 HB 铅笔绘草图，用 2H 或 3H 铅笔绘出图的结构。

（3）橡皮：选择白色柔软的橡皮。

（4）尺子一把。

（5）铅笔刀或转笔刀一个。

二、绘图要求

1. 绘图对象的选择要有代表性

绘生物图是对所观察的材料形态结构的真实反映，应选择正常的、有代表性的材料。因此，要认真观察标本，选择需要绘图的部位。生物绘图不同于一般的绘图，一张好的生物图应该是科学性和艺术性的完美结合，尤其要注重科学性和准确性。

2. 比例恰当，布局合理

绘图前要根据实验报告纸的大小确定所绘图的位置及大小，合理布局，使图和图注在报告纸上所占的面积和位置恰当，力求布局合理美观。所绘的图不必与所观察的标本大小一致，可视需要按比例放大或缩小。

3. 打好图稿，先描后绘

确定好绘图的位置后，就开始绘制草图，用 HB 铅笔轻轻勾画出所选物象的大小轮廓，勾画草图时既要注意整体的长宽比例是否恰当，也要注意整体和各部分之间的比例是否正确，若有不妥之处，用橡皮轻轻擦去后进行修改。

确定好草图与实物比例无误后，再用 2H 的硬笔将各个部分的结构画出。植物图不同于艺术图，各部分结构及特征均以点或线的形式表示，要求线条要一笔勾出，粗细均匀、光滑、清晰、明暗一致，无深浅、虚实之分，线条的衔接处不能有分叉，切忌不能反复描绘；所有结构线条不能用直尺或其他工具代画，必须手绘而成，以免失去植物的自然形态。

明暗和颜色的深浅用衬阴圆点表示，削尖的铅笔垂直纸面，点出来的点应具立体感，圆点要整齐，用力均匀。不能用涂抹阴影的方法代替圆点。

4. 图注规范，字迹工整

绘好图后，检查一下与显微镜里的实物是否一致，是否有遗漏，然后把各部分的名称标注出来。图注一般在图的右面，从相应结构部位画出引线，引线用直尺画出，一般保持水平状，不能交叉，以免误指。所有的引线右端点应在同一垂直线上。图注一律用铅笔，书写要求清楚端正，排列整齐，图题和所用材料的名称、部位写在图的下方。

三、注意事项

绘图时要有耐心，座位的高低必须合适，以免疲劳。草图应一气呵成，避免中途停顿。画线时要肘贴桌面，掌侧和小指抵图纸，从左下向右上方向运笔，使线条均匀、光滑、流畅。

附录 Ⅱ　显微镜的类型

近几十年来由于现代科学技术的飞速发展，显微镜的研究和制造技术进展很快，不仅精密度和分辨力大大提高，而且制造出了适用于各种用途的显微镜。显微镜根据照明方式的不同可分为两大类，即光学显微镜和非光学显微镜。光学显微镜，可以分为可见光显微镜和不可见光显微镜两大类。非光学显微镜如电子显微镜，又可分为透射电子显微镜和扫描电子显微镜。

一、光学显微镜

1. 可见光显微镜

是指利用光波的可见光部分（380~760nm 波长范围）形成像的显微镜。它根据照明技术、成像技术和镜体构造的不同又可以分为很多种。

（1）根据显微镜的照明技术划分

①明视野显微镜：即普通显微镜，它是显微镜中最基本最普遍的类型。其他各种类型的特种显微镜都是由它演变而来的，或者只要在这种显微镜上附加或更换特殊的附件就可以变为其他显微镜。

②暗视野显微镜：这种显微镜利用特殊的集光器使照明光线不能直接进入物镜，只有标本表面的散射光进入物镜，因此整个视野的背景是暗的。用这种显微镜能够观察到明视野显微镜所无法分辨的微小颗粒，因此多用于微生物和胶体微粒的观察。

③荧光显微镜：这是一种利用一定波长的光使标本的特异性物质受到激发而发射荧光，通过观察荧光研究标本的特异性物质成分或标本的特异结构的显微镜。这种显微镜具有特殊的照明系统、荧光垂直照明器以及暗视野集光器。

（2）根据像的形成技术划分

①相差显微镜：这是一种使光波通过样品时波长与振幅发生变化，以增大物体的明暗反差，用来观察未染色的活体细胞和组织细微结构的显微镜。这种显微镜具有特殊的相差集光器和相差物镜。

②干涉相差显微镜：这种显微镜使通过标本的光线和通过标本之外的光线发生干涉并把光的相位变化变为振幅变化，从而可以观察染色或未染色物体的细微结构并能测定标本中干物质的含量。

③偏光显微镜：这是一种利用偏振光原理来观察具有双折射特性物质的显微镜。这种显微镜多用于矿物学和岩石学，在生物学和医学中可用于观察和研究具双折射特性的纤维蛋白、淀粉粒、纺锤丝等结构。

（3）根据镜体构造划分

①倒置显微镜：这是一种把照明系统置于载物台上面，把物镜置于载物台下面的显微镜。这种显微镜由于大大加长了载物台上放置样品的高度，可以放置培养器皿。因此多用于观察培养的活体细胞和组织。

②实体显微镜：这是一种利用斜射光照明观察物体的外部形态和立体结构的显微镜。这种显微镜放大倍数较低，一般为 60~500×。但它的应用范围非常广泛，可用于工农业生产及科学文化事业的许多领域。

③比较显微镜：这实际上是一种合并在一个镜架上的两台显微镜，但是它可以把两个标本的像借助于棱镜组合在一个目镜的两半视野内，用以比较两个标本的结构和染色。

2. 不可见光显微镜

这是一类利用光谱的可见光部分以外的非可见光形成像的显微镜。这类显微镜是近 20 年内发展起来的特殊用途的显微镜，它可以分为以下几种。

（1）紫外光显微镜：这是一种使用波长在 380nm 以下的紫外光形成物体像的显微镜。它最初被用于增大分辨力，现在主要用于对紫外光有选择吸收物质的显微光度和显微分光光度的研究。

（2）红外光显微镜：这是一种使用波长在 760~1 500nm 范围内的红外光形成物体像的显微镜。它可以使可见光观察不透明的一些物质变得透明，例如可用于研究昆虫中渗入黑色素的甲壳质层。

（3）X-射线显微镜：这是一种利用波长极短而具强大穿透力的 X-射线来形成物体像的显微镜。它可以用来观察较厚标本中的空间结构以及矿质化或角质化的材料。

二、电子显微镜

1. 透射电子显微镜

透射电镜是应用最广泛的一种电子显微镜，占使用电镜的 80%，其分辨率、放大倍率及各项性能比其他类型电镜高，透射电镜是用电子束照射标本，用电磁透镜收集穿透标本的电子，并放大成像，用以显示物体内部超微结构的装置，透射电镜所产生的图像是平面的。它的分辨率可达 0.2nm，放大倍数可达 40 万~100 万倍。它要求样品极薄，因此样品必须制备成 50~70nm 的超薄切片。

2. 扫描电子显微镜

扫描电子显微镜是利用细电子束在样品上逐点逐行进行扫描，收集样品产生的某种信号，对样品表面的形态进行观察的装置。由光镜或 TEM 所产生的图像是平面的，而扫描电镜能观察样品表面凹凸不平的结构，得到立体的、富有真实感的图像，如：细胞表面的微绒毛、纤毛、伪足等，还可以观察冷冻断裂的组织内部结构。扫描电子显微镜的分辨率可达 0.3nm，放大倍数可达 20 万倍。它主要是利用二次电子成像。

附录Ⅲ　植物制片技术

一、临时装片的制作

临时装片是采用一定的方法将植物材料制成可在显微镜下观察的材料，放在载玻片上的水滴中，加上盖玻片制成的。用来观察的材料可以是单细胞、丝状体或单层细胞组成的植物体，也可以是植物表皮等结构撕取后制片，也可以是徒手切片法将植物切成薄片。其制作过程如下。

（1）将载玻片和盖玻片用水洗净，用清洁的纱布擦干净。擦时用左手拇指和食指夹住其边缘，右手将纱布包住载玻片的上下面，轻轻擦拭。擦盖玻片时应小心，用力要均匀，避免将盖玻片弄碎。

（2）用玻璃滴管在载玻片的中央滴一滴水，用镊子选取切好的材料，展开，注意不要重叠和皱缩。

（3）用镊子夹取盖玻片，使盖玻片的一边在观察材料的左边，倾斜约45°与水滴接触，慢慢放下盖玻片，避免产生气泡，影响观察。

（4）制作好的临时装片应使水滴充满盖玻片下面的空间，但不要溢出，如果盖玻片下面的水太多，应当用吸水纸从一旁吸去。如果没充满可以从盖玻片一侧滴入1小滴水，以赶走气泡便于观察。

（5）如果需要染色可在盖玻片一侧适量加1滴染液，在相对的一侧用吸水纸吸去多余的染液，注意不要让染液污染镜头。

（6）如果所做的临时装片需要短期保存，可以在临时制片材料上滴加1滴10%甘油水溶液加盖玻片，平放于培养皿中加盖。也可以在盖玻片周围用指甲油封存。这样处理过的临时装片可以保持1周。

二、徒手切片的制作

徒手切片法不需要任何的机械设备，只需要一把锋利的刀片就可以完成切片的制作，方法简单，也容易保持植物的生活状态，有很大的实用价值。

（1）选择软硬适度的材料，先截成适当的段块。一般直径大小以3~5mm、长度以20~30mm为宜。若材料太软，如幼叶等，不能直接拿在手中进行切片，可用适当大小的马铃薯块茎或萝卜肉质根等作支持物，将材料夹入其中，一起切片。

（2）用左手拇指、食指和中指夹住材料，使其稍突出在手指之上，拇指略低于食指，以免刀口损伤手指。材料和刀刃上蘸水，使其湿润。右手拇指和食指横向平握刀片，刀片要与材料断面平行，刀刃放在材料左前方稍低于材料断面的位置，以均匀的力量和平稳的动作从左前方向右后方拉切。切片时要用臂力而不用腕力，手腕不要动，靠肘、肩关节的屈伸来切片，拉切要快，中途不要停顿，更不能用拉锯方式进行切片。

(3) 每切 2~3 片就要把刀片上的薄片用湿毛笔移入盛有清水的培养皿中暂存备用。如发现材料切面出现倾斜，应修平切面后再继续切片。

(4) 连续切下很多切片后，挑选最薄的切片放于加 1 滴清水的载玻片上，盖上盖玻片，制成临时装片，进行镜检、观察。

此外，对于叶片材料或较细小的根、茎等材料，除上述方法外，也可将两枚双面刀片并列叠到一起，对材料进行连续的横切片，利用两枚刀片间的狭小间隙切出很薄的材料。

三、石蜡切片的制作

植物大而厚的组织是不能直接置于显微镜下观察的，必须进行切片制作。石蜡切片法是用石蜡浸透到组织中进行包埋，然后用旋转切片机将蜡块切成薄片而制成切片。它的优点是能够得到薄而均匀的连续切片，既便于器官的三维重构，又可以经过处理后制成永久制片长期保存使用，是常用的植物制片方法。

石蜡切片的操作过程包括，取材与分割、固定、脱水、透明、浸蜡与包埋、切片、黏片、烘片、脱蜡、复水、染色、脱水、透明和封固。

1. 取材与分割

植物制片材料的选取，应根据观察的目的性而定，要求具有典型性和代表性。在取材过程中要保持植物体的原状，尽可能不损伤植物体，尤其是要观察的部分。取材后将其分割成 $0.5~1cm^3$ 的小块。分割时刀片要锋利，材料不能挤压变形。分割后迅速投入装有固定液的小瓶中。

2. 固定

为了使植物保持原有的生活状态，材料分割后须立即投入固定液，以免使组织结构发生萎缩或分解。常用的固定液有福尔马林-乙酸-乙醇（FAA）固定液和卡诺氏（Carnoy's）固定液等，这两种固定液的固定时间是 2~24h。FAA 既是良好的固定剂，也是保存剂，材料可在其中长久保存，不需要水洗可直接进行下一步的脱水过程。而卡诺氏固定液不能作保存液，固定后要进行洗涤，再行脱水和保存。

3. 脱水、透明

材料中含有水，水与石蜡不能混合，所以必须脱水。脱水须按照以下乙醇质量分数梯度进行，通常由 30%、50%、70%、80%、90%、100% 的乙醇依次进行，每次须经 1h，材料大的须延长脱水时间。

材料脱水后，材料中全含乙醇，乙醇与蜡也不能混合，仍需除去。脱乙醇通常需要二甲苯，用二甲苯替代乙醇，最好也是渐次进行。一般按下面的次序进行：2/3 乙醇+1/3 二甲苯、1/2 乙醇+1/2 二甲苯，1/3 乙醇+2/3 二甲苯、二甲苯，每次时间为 1h。二甲苯有透明作用，所以又叫透明剂。

4. 浸蜡与包埋

材料入最后一次二甲苯中透明后即可浸蜡。先将温箱温度调至 37℃，在已熔的材料中加入蜡屑至过饱和，放置 1d；再将温箱温度升高到 45℃，在已熔的材料中加入蜡屑至过饱和，放置 1d；最后将温箱温度升高到 60~62℃，换 3 次纯蜡，并进行包埋，此过程不超过 2h，否则材料会变脆。

包埋时将材料摆在提前叠好的包埋纸盒中，加入熔化的纯石蜡，用加热的镊子赶走材料周围的气泡，将纸盒放入冷水中使蜡迅速凝固。

5. 切片、粘片、烘片

将包埋好的石蜡块经分割、修块，粘贴在载蜡器上，放入冷水中冷却后夹到切片机夹物部，调整切片刀的角度，一般 5°~8° 为宜。切片厚度为 8~14μm。

将一滴胶粘剂滴到载玻片的中央，用小手指涂匀，然后加上水，将切片平放于载玻片上，然后放在温箱上，待黏完很多片子后，用一张大的滤纸覆盖在所有的盖玻片上，用手轻轻压一遍，压平并吸走多余的水分。

将粘好的片子放在温箱里，烘 24h 即可，温箱温度不得超过 45℃。如果急用，可在温箱内加一小杯甲醛，15min 即可将片子烘干，但一般不采用此法。

6. 脱蜡、复水、染色

脱蜡前应注意切片一定要是热的，先将二甲苯盛入染色缸中，将已烘干的玻片放入缸中 10~15min，使石蜡完全溶解。需注意的是，二甲苯一定要是新鲜的，如果发现装二甲苯的瓶子底部有固体物，则说明二甲苯里面有了石蜡，不可再用。

复水是经过各级酒精到蒸馏水。即滴入无水酒精、95%、80%、70%、50%、30%、蒸馏水每级 4~5s。

染色的方法有很多，根据制片的目的不同选择不同的染色方法。常用的染色方法有番红和固绿双重染色，铁矾苏木精染色等。番红固绿染色时，前一步的酒精浓度下降到 70% 即可。番红为 0.5%~1% 的乙醇（50%~70%）溶液，固绿为 0.5%~1% 的乙醇溶液（95%）。番红染色需要持续 12~24h，固绿着色能力强，一般仅需染色 1~3min。

此后切片进入 95% 酒精溶液中分色 1min；100% 乙醇、2/3 乙醇+1/3 二甲苯、1/2 乙醇+1/2 二甲苯、1/3 乙醇+2/3 二甲苯、二甲苯，各级每次 1min。之后用加拿大树胶封片，贴标签。

附录Ⅳ　植物学常用试剂及配制

一、固定液的配制

1. FAA 固定液

取 70%酒精 90mL，加入 5mL 甲醛和 5mL 冰醋酸即成。

2. 卡诺氏固定液

取 3 份无水乙醇和 1 份冰醋酸混合即成。

3. 离析液

（1）硝酸-铬酸离析液：以 10%硝酸液和 10%铬酸液等量混合即可。此液适于对导管、管胞和纤维等木质化的组织进行解离时使用。

（2）盐酸-酒精离析液：将浓盐酸 1 份和 95%酒精 1 份等量混合即可。

（3）硝酸-氯化钾：硝酸 5mL 与 1g 氯化钾混合，加热 5min，即可离析木材。

二、染色液的配制

1. 番红染色液

将 1g 番红溶于 100mL 50%酒精中，配成 1%浓度的番红染色液。

2. 固绿染色液

将 0.5g 固绿溶于 100mL 95%酒精，配成 0.5%固绿染色液。

3. 改良苯酚品红染液

（1）母液 A：取 3g 碱性品红，溶于 100mL 的 70%酒精中，此液可以长期保存。

（2）母液 B：取 A 液 10mL，加入 90mL15%苯酚（即石炭酸）水溶液，在 2 周内使用。

（3）苯酚品红染液（C）：取 B 液 55mL，加入 6mL 冰醋酸和 6mL 37%甲醛，可长期保存。

（4）改良苯酚品红液（D）：取 10~20mL C 液，加入 80~90mL 45%冰醋酸和 1g 山梨醇，2 周后使用。经苯酚品红染色后核和染色体呈鲜紫红色，细胞壁、细胞质不着色，是很好的核染色剂。

4. 铁矾苏木精液（又名 Heidenhain′s 苏木精液）

取苏木精 0.5g，95%酒精 10mL，重蒸馏水 90mL。将苏木精先溶于 10mL 酒精中，然后慢慢倒入重蒸馏水中，瓶口用纱布扎紧静置于有光处。约 1 个月后，苏木精被氧化，溶液变为深琥珀色，即可用。此时要将瓶塞塞好。此液可以放置很久，是较好的染核结构的染色剂。

三、碘-碘化钾溶液的配制

先用 3g 碘化钾溶于 100mL 蒸馏水中，再加入 1g 碘，溶解后即可使用。若用于淀粉的鉴定，还要稀释 3～5 倍，用于观察淀粉粒上的轮纹，则需稀释 100 倍以上。

附录 V 植物标本采集标签、野外记录签

1. 采集标签

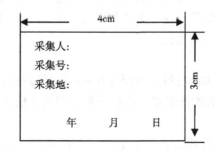

2. 野外记录签

采集号：	采集人：	年　月　日
采集地点：		
环境：		
经度：	纬度：	海拔：
胸高直径：	树皮：	
性状：		
叶：		
花：		
果实：		
科名：	属名：	
俗名：		
附记：		

3. 定名签

种名：	科名：	
鉴定人：	年　月　日	

附录 VI 浸制标本的制作和保存

浸制标本是用一些化学药品配制成溶液来浸泡、固定与保存植物标本,并能使其保持原有的形状和颜色,这种方法制成的标本,称浸制标本或液浸标本。多数植物肉质果实的标本均采用此法保存。

1. 一般溶液

有些花和果是用于实验材料,可浸泡在 4%的福尔马林溶液中,也可浸泡在70%的酒精溶液中,前者配法简单,价格便宜,但易于脱色,后者脱色虽比前法慢一些,但价格昂贵。

作切片用的材料常用 FAA 溶液,它是一种简单的固定液,配方:福尔马林5mL、50%或70%酒精 90mL 和冰醋酸 5mL。

2. 保色溶液

保色溶液的配方很多,但到目前为止,只有绿色较易保存,其余的颜色都不稳定。这里简单地介绍几种保色溶液的配方。

(1) 绿色果实的保存配方 (表 1):将材料在配方 1 中浸泡 10~20d,取出洗净后,再浸入 4%的福尔马林中长期保存。配方 2 则是先将果实浸在饱和硫酸铜溶液中 1~3d,取出洗净后再浸入 0.5%亚硫酸中 1~3d,最后在配方 2 中长期保存。

(2) 黄色果实的保存配方 (表 2):直接把要浸泡的材料浸泡于此混合液中,便可长期保存。

表 1 绿色果实保存配方

配方 1		配方 2	
硫酸铜饱和水溶液	75mL	亚硫酸	1mL
福尔马林	50mL	甘油	3mL
水	200mL	水	100mL

(3) 黄绿色果实的保存配方:先用 20%的酒精浸泡果实 4~5d,当出现斑点后,再加 15%亚硫酸,浸泡 1d,取出洗净,再浸入 20%酒精中硬化、漂白,直到斑点消失,再加入 2%~3%亚硫酸和 2%甘油,即可长期保存。

表2　黄色果实保存配方

6%亚硫酸	268mL
80%~90%酒精	568mL
水	450mL

（4）红色果实的保存配方（表3）：先将洗净的材料浸泡在配方1中24h，如不发生混浊现象，即可放在配方2、配方3、配方4的混合液中长期保存。

表3　红色果实保存配方

配方1		配方2	
福尔马林	4mL	福尔马林	15mL
硼酸	3mL	甘油	25mL
水	400mL	水	1 000mL
配方3		配方4	
亚硫酸	3mL	硼酸	30g
冰醋酸	1mL	酒精	132mL
甘油	3mL	福尔马林	20mL
水	100mL	水	1 360mL
氯化钠	50g		

无论采用哪一种配方，在浸泡果实时，药液均不可过满，以能浸没材料为宜。浸泡后应用凡士林、桃胶或聚氯乙烯等黏合剂封口，以防止药液蒸发变干。

参考文献

冯志坚，周秀佳，马炜梁，等，1993. 植物学野外实习手册 ［M］. 上海：上海教育出版社.

富象乾，1995. 植物分类学（第二版）［M］. 北京：农业出版社.

关雪莲，王丽，2002. 植物学实验指导 ［M］. 北京：中国农业大学出版社.

何凤仙，2004. 植物学实验 ［M］. 北京：高等教育出版社.

贺学礼，2004. 植物学实验实习指导 ［M］. 北京：高等教育出版社.

贺学礼，2009. 植物学 ［M］. 北京：高等教育出版社.

姜在民，易华，2016. 植物学实验 ［M］. 杨凌：西北农林科技大学出版社.

李杨汉，1984. 植物学 ［M］. 上海：上海科学技术出版社.

李玉平，2008. 植物生物学实验 ［M］. 杨凌：西北农林科技大学出版社.

王焕冲，2012. 植物学野外实习指导 ［M］. 北京：高等教育出版社.

肖亚萍，田先华，2011. 植物学野外实习手册 ［M］. 北京：科学出版社.

杨洋，马三梅，王永飞，2011. 植物气孔的类型、分布特点和发育 ［J］. 生命科学研究，15（6）：550-554.

尹祖棠，1993. 种子植物实验及实习（修订版）［M］. 北京：北京师范大学出版社.

张彪，金银根，淮虎银，2001. 植物形态解剖学实验 ［M］. 南京：东南大学出版社.

赵宏，2009. 植物学野外实习教程 ［M］. 北京：科学出版社.

周桂玲，魏岩，2005. 新疆高等植物科属检索表 ［M］. 乌鲁木齐：新疆大学出版社.

彩色附图（塔里木盆地常见野生植物）

麻黄科 – 单子麻黄（*Ephedra monosperma* Gmel. ex Mey.）

毛茛科 – 东方铁线莲（*Clematis orientalis* L.）

石竹科 – 裸果木（*Gymnocarpos przewalskii* Maxim.）

藜科 – 盐穗木（*Halostachys caspica* C. A. Mey. ex Schrenk）

藜科 – 香藜（*Chenopodium botrys* L.）

杨柳科 – 灰胡杨（*Populus pruinosa* Schrenk）

杨柳科－胡杨（*Populus euphratica* Oliv.）

十字花科－菥蓂（*Thlaspi arvense* L.）

蔷薇科－金露梅［*Dasiphora fruticosa*（L.）Rydb.］

蔷薇科－腺齿蔷薇（*Rosa albertii* Regel）

豆科－小沙冬青［*Ammopiptanthus nanus*（M. Pop.）Cheng f.］

豆科－鬼箭锦鸡儿［*Caragana jubata*（Pall.）Poir.］

茄科－黑果枸杞（*Lycium ruthenicum* Murr.）

毛节兔唇花（*Lagochilus lanatonodus* C. Y. Wu et Hsuan）

菊科 – 河西菊［*Launaea polydichotoma*（Ostenfeld）Amin ex N. Kilian］

菊科 – 顶羽菊［*Rhaponticum repens*（L.）Hidalgo］

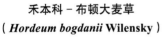

禾本科 – 布顿大麦草	禾本科 – 伊吾赖草
（*Hordeum bogdanii* Wilensky）	（*Leymus yiunensis* N. R. Cui & D. F. Cui）

百合科 – 青甘韭（*Allium przewalskianum* Regel）

鸢尾科－蓝花喜盐鸢尾 [*Iris halophila* **var.** *sogdiana*（**Bunge**）**Grubov**]

兰科－宽叶红门兰（ *Orchis latifolia* **L.** ）